提升女人气质的100个细节

崔小西◎著

江西美术出版社
JIANGXI FINE ARTS PUBLISHING HOUSE

图书在版编目（CIP）数据

提升女人气质的 100 个细节 / 崔小西著 . -- 南昌：江西美术出版社，2017.5（2018.12 重印）

ISBN 978-7-5480-4261-7

Ⅰ . ①提… Ⅱ . ①崔… Ⅲ . ①女性 - 气质 - 通俗读物 Ⅳ . ① B848.1-49

中国版本图书馆 CIP 数据核字（2017）第 033827 号

出 品 人：周建森
企　　划：北京江美长风文化传播有限公司
策　　划：北京兴盛乐书刊发行有限责任公司
责任编辑：王国栋　楚天顺　李小勇
版式设计：刘　艳
责任印制：谭　勋

提升女人气质的 100 个细节

作　　者：崔小西

出　　版：江西美术出版社
社　　址：南昌市子安路 66 号江美大厦
网　　址：http：//www.jxfinearts.com
电子信箱：jxms@jxfinearts.com
电　　话：010-82293750　　0791-86566124
邮　　编：330025
经　　销：全国新华书店
印　　刷：北京柯蓝博泰印务有限公司
版　　次：2017 年 5 月第 1 版
印　　次：2018 年 12 月第 2 次印刷
开　　本：880mm × 1280mm　1/32
印　　张：7
I S B N：978-7-5480-4261-7
定　　价：26.80 元

本书法律顾问：江西豫章律师事务所　晏辉律师

序言

XU YAN

这个世界上，有一类神奇的女子，她们的容貌虽非世上最美，身上却拥有一种能够暖人心扉的“魔力”——气质。当残酷的岁月夺走无数女人美丽的容颜时，此种“魔力”却能令拥有它的女子变得越来越有韵味，越来越动人心魄，以至于最终摆脱人们对年龄的偏见，永远活在最美的年岁中。

正因为有着如此神奇的“魔力”，气质对于女人来说是一种永恒的诱惑，而拥有气质的女人则像明星一样被无数“粉丝”膜拜、追捧、赞赏。因此，一直以来，人们公认对女人的最高赞扬绝对不是“你真漂亮”，而是“你看起来有一种很特别的气质”。

但如何才能修炼一身与众不同的气质，却令许多女子大伤脑筋。气质似乎是一种虚无缥缈的东西，它既不是几件国际大牌的衣衫，也不是精心设计、描画的妆容，更不是穿着职业装和高跟鞋，奋力工作的模样。

有人说，气质与容貌还是有些关系的。但有些女子，年轻时容貌靓丽出众，可一旦步入中年，也只剩下一副被时间侵蚀过的皮囊，气质、容貌全无。而另一些女人，则与前者相反——

乍一看去，她们的眉眼或许并不是按照黄金比例生长，身形也早已不再婀娜窈窕，就连身上的着装，也可能素净、随意，甚少华丽出彩。但与她们接触得久了，就会惊奇地发现，她们的一颦一笑、一举一动都像一块吸引力巨大的磁铁，将所有投向她们的目光牢牢吸引，沉醉其中，再也逃离不开。

靳羽西女士曾经说过："气质与修养不是名人专利，它是属于每一个人的。气质与修养也不是与金钱权势联系在一起的，无论你是何种职业、多大年龄，哪怕你是这个社会中最普通的一员，你也可以拥有独特的气质与修养。"因此，只要能够找到属于自己的那份独特，对每一个女人来讲，"气质"都是公平可得的。

每个女人的身上都藏有与众不同的独特"魔力"。这种"魔力"无关个性，内向的女子可以温婉如水，外向的女子可以欢快似火，气质的"魔力"正在于与众不同的美！每一个女人的心中，都沉睡着一种具有魔力的气质。区别仅在于随着时间的增长，有人发现了它，激活了它，并从中受益；而另一些人，则因为种种原因，忽视了它的存在。

你想做一个有气质的女人吗？那么就在这一刻觉醒吧，静下心来，读一读这本为你量身打造的书！书中精选了100个细节，希望能够帮助你实现提升气质的愿望，做一个快乐幸福的女人！

无论你多少岁，只要心向美好，积极追求，美好的气质都会永远陪伴着你！

目录
MU
LU

Chapter 1
优雅的气质源自良好的内在修养

气质优雅的女人一定有着良好的修养，这样的女人能得到别人的认可，也能得到别人的尊敬。她们会利用自身的优势让美丽变成一种永恒，让自己并不出众的容貌因美好的人格和修养变得迷人。

001 完美的人格是气质的基石

每个女人都有属于自己独特的个性特点，性情温柔的小家碧玉型，脾气火暴的野蛮女友型，成熟稳重的职场熟女型，时尚端庄的都市丽人型，不同性格的女人有着不同的风采，百变的类型造就了百变的女人。

因为有了各异的性情，女人才拥有了万种风情。但是无论哪一类型的女人，在内心中都有一个共同的期盼，那就是拥有优雅的气质。有气质的女人，具有吸引人的个性，有着受人欢迎的品质，有着众人皆叹的良好修养。有气质的女人，不但男人喜欢，女人也喜欢。

女人的气质从何而来？每一个女人都会经历从女孩到女人的成熟过程，在成长的过程中，岁月的积淀、人生阅历的积累、人际关系的影响以及自我提升等多种因素，帮助女人实现了从内到外的完美蜕变。而随着年龄的增长，女人的气质也就逐渐地展现出来并越来越成熟。

1.人格魅力是女人的第一魅力

完美的人格是一个人立身安命的基石。对于女人来说，没有完美的人格，即使再有花容月貌，也同样不受欢迎。完美的人格，是一种更高层次的成熟与完善。追求完美人格的女人，会努力提升自己的情商心智，培养良好的道德修养。

拥有完美人格的女人，一定会有高远的理想和目标，通过理想绵绵不绝的力量使自己进步、提升、成功。为了自己的目标，坚定地身体力行，脚踏实地地努力。有毅力、有激情，让自己充满精力和必胜的信心。

拥有完美人格的女人，是有道德感的人。心地善良，宽容朋友，与邻居相处友好。在朋友困难的时候给予帮助。诚实公正，以高的标准要求自己，凡事追求尽善尽美，工作、生活态度严谨。对自己做事的方法常常检讨反省，修正改进。

拥有完美人格的女人，心理上是成熟的，有很好的适应能力和自制力，能够压制愤怒的情绪，做情绪的主人。具备承受压力的能力、应付困境的能力和承受挫折的能力。

拥有完美人格的女人，不会放松对外在形象的要求。稳重自信，注重形象，举止大方，具备接纳他人的能力、维持友情的能力。

2.人格是情商的重要组成部分，提升女人气质从培养情商开始

人格是指人的性格、气质、能力、道德品质等特征的总和。而气质是人品、能力、情商的综合体现，有气质的女人会令人产生一种认同、信服和崇拜的感情，这样的女人是强大的，智商和情商也都是一流的。有气质的女人会做人，知道怎样做一个讨人喜欢的女人。这样的女人有睿智的头脑、敏锐的洞察力，却让人放心，无须提高警惕。这样的女人容易接近，令人倾心倾情。

3.健全的人格是气质的基石

只有健全的人格，才能获得人们的喜爱和合作。因此，有气质的女人常把人格的特征极力地表现出来。有些女人生来就有与人交往的天性，无论对人对己，处世待人，举手投足与言谈行为都很自然得体，毫不费力便能获得他人的注意和喜爱。可有些女人便没有这种天赋，必须加以努力，才能获得他人的注意和喜爱。但不论是天生的还是后天努力的，结果无非是博得他人的善意，而获得善意的方法便是人格的发展。

可以这样说，这些令人们喜爱的女人所具备的美好人格，就是女人的气质。许多女人，无论相貌是否漂亮，只要具备优雅的气质，就受人尊敬和欢迎。

002 善良使人高贵

有一种气质看不见，摸不着，需要用心来感受，这种魅力就是善良。有一种气质至尊、高贵，需要用心来品味，这种气质也是善良。

善良是一种高贵的品质和修养，善良的女人会在人群中发出非凡的光芒。外表可以将一个女人变得美丽，而善良却可以将一个女人变得高贵。

自古以来，人们都追求一个“善”：待人处事，强调心存善良、向善之美；与人交往，讲究与人为善、乐善好施；对己要求，主张善心常驻。

善良的人，心是滚烫的，情是火热的，善良可以驱赶寒冷，横扫阴霾。同善良的人交朋友，情操变得高尚，灵魂变得纯洁，胸怀更加宽阔。与善良的人相处，不必设防，心底坦然。

善意产生善行。真正的善良之举不是一时的心血来潮，而是长期坚持善举，终身不悔。真正的善良之举，不是一时一事表现出来的善意，而是对万事万物都怀有善心、善意。多一些善良，多一些谦让，多一些宽容，多一些理解，让人们在生活中感受到美好和幸福。这是所有善良人们的向往和追求。

善良常常与高尚并肩。善良的行为举动也一定是高尚的，因为善良本身就是一种高尚的道德品质。

善良的女人值得敬重，品德高尚的女人值得赞叹。善良和高尚应该作为女人修养的必修课。

女人要让自己的美丽变成一种永恒，让自己并不出众的容貌变得更加迷人，其实很容易做到，在举手投足之间表现得高尚一点、表现得善良一点，这种迷人的光环就会萦绕在身边。

1.女人要有高尚的人生观和积极的人生态度

女人拥有了高尚的人生观，生活就会变得总是积极向上，每天都会以微笑来面对这个世界、面对纷繁复杂的生活。正是在这个意义上，具有高尚人生观的女人才会更加迷人。

女人的美丽同样体现在对人生的态度上。曾经有人说过这样一句话：一个积极的乞丐比一个绝望的公主还要美丽。确实是这样，热情向上的人生态度，使得女人外在的美更加富于灵性，也更加瑰丽。

2.富有同情心和爱心的女人惹人怜爱

富有同情心和爱心的女人是善良的，心地纯洁，内心装下的都是温暖和感动。这种同情心和爱心也会感染着其他人，让人们的生活因为有了爱有了温暖而改变。富有同情心和爱心的女人，能给周围人带去快乐、带去幸福，在别人最需要的时候带去温暖和祝福。

3.多为别人着想，不做自私女人

每个人并不是孤立地生活在这个世界上的，人际间的交往需要彼此的关心和爱护才能维系和长久地发展。如果希望他人在意自己的感受，为自己着想，就要先站在对方的立场，学会替他人着想。

4.真诚赢得真心，友善换得友爱

要想做讨人喜欢的女人，先付出自己的诚意，以诚相待，才能获得对方的诚意和真心。没有人会喜欢跟一个虚伪的人做朋友，而女人如果缺乏诚意，也一定交不到真诚的朋友。

003 女人的温柔令人无法抗拒

温柔的气质和风范体现在女人的仪表、谈吐、举止、思维和行为习惯上，温柔代表着女人纯洁、优雅、真挚的人格魅力。

温柔的女人是贤淑通达的。不论是略施粉黛还是素面朝天，是安居广厦还是寄居茅舍；是职场女强人，或是举案齐眉的贤妻良母，温柔的女人都不失淡定恬宁、温文尔雅、端庄秀丽。

温柔的女人是善解人意的。善解人意的女人是家庭的港湾，男人休憩心灵的圣地。在男人眼里，善解人意的女人绝不仅仅是坐船的，也不仅仅是划船的，而是帮自己共同撑船的，风雨同舟才能抵达幸福彼岸。

温柔不代表软弱。温柔的女人不是一味地迎合和纵容对方，而是在遇到事情时，能尽量用自己的心去体会对方的心，用自己的感觉去体会对方的感觉。

温柔的女人除了拥有温顺的性情，也有聪明的头脑，有宽广的胸襟。温柔的女人有主见，有自己的判断力。在处理问题上，女人会动用温柔的力量将一切矛盾和分歧化为无形。温柔的女人从不与别人争对错，分是非，而是心平气和地以理服人，以情感人。

女人的温柔力量令人难以抗拒。有的女人也许觉得自己是一个野蛮女友型，性格豪爽，热情奔放，从来不懂得什么是温柔，也不会表现女人温柔的一面。其实，温柔是女人的天性，是一种性情的完善。

1.以柔克刚，女人的温柔媚招

无论在职场上还是生活中，女人取胜很少是依靠自己的力量完成的，而是凭借以柔克刚的智慧。温柔是女人最有利的武器，是女人独有的处世法宝。温柔是男人的甜蜜杀手。作为女人，不要处处显示出强势和蛮横，只需一个温柔，就会让男人接受你的意见。

2.温情脉脉，借助情感的力量感化他人

女人是感性的动物，温柔的性情和特质使女人的心灵变得柔软。所以，温柔的女人具有一种神奇的处世魅力，更容易利用情感的力量来征服人心。女人的温柔就像绵绵细雨，润物于无声，令人回味绵长。一个含情脉脉的注视，一个温柔甜美的微笑，就可以让对方不战自退。

3.温柔体贴地关心爱人，让幸福增值

夫妻之间的相互体贴和关心，是让婚姻长久保鲜的秘籍。男人的幸福来自妻子的温柔体贴，而妻子也会赢得更多幸福。温柔体贴的关心，并不仅仅是让男人丰衣足食，最重要的是关怀他的内心世界。要充分了解丈夫到底需要什么，他真正喜欢的是什么。投其所好，并不是一味地迁就，而是让丈夫真正地实现他的愿望和价值。如果一个女人一生中都没有读懂自己的丈夫，可以说是一个失败的女人。

004 细心是女人的一种好素质

细心的女人，平时并不张扬，显得深藏不露，但往往在最关键的时刻显现出她的独到之处。细心的女人在家庭开支上总是精打细算，当家庭出现危机的时候，她能把平日里积攒下来的钱拿出来帮助家庭和丈夫渡过危机。有些人在生意失败时，都是靠妻子平日里积攒的私房钱东山再起的。细微处看真情，细心的妻子是丈夫最大的靠山和最坚强的后盾。

拥有好的记忆力，做事细致入微，是一个好妻子不可缺少的好素质。细心的女人在各个方面都能为男人带来好运气。对于细心的女人来讲，不用多费口舌，就能清楚地记得丈夫喜爱什么，不喜爱什么；知道丈夫需要什么，不需要什么。

细心的女人不仅会把家庭生活打理得井井有条，在工作中也会做到一丝不苟、严谨认真，凭借着细心的观察力和记忆力，上司、同事都有什么样的喜好熟记于心。这样在处理职场上的各种问题时，就能娴熟地应对，并且给他人留下良好的印象。

1.用细节展现素养

注意细节其实是一种功夫，这种功夫是靠日积月累培养出来的。人的行为95%都是受习惯的影响，在习惯中注意细节的积累，就会让自己变得心细起来。细节总是容易为人所忽视，所以往往最能反映一个人的真实状态，因而也最能表现一个人的修养。

2.对待事情考虑周全

对身边发生的事情要善于思考因果关系。对习以为常的做事方法，要有改进或优化的建议。做事情要养成有条不紊和井然有序的习惯。经常去找几个别人看不出来的毛病或弊端。要随时随地对有所不足的地方进行补充和完善，力求尽善尽美。

3.把细心周到的关怀作为习惯

在生活和工作中，大多数服务人员通常是由女性担任的，原因就是女人更心细，会想得周到，做事谨慎。女人应该把心思细腻、思维缜密作为一种习惯和性情，比如在暑天，出于爱心，递一杯凉开水给行路人，这也可以作为行善的原则。如果你用爱心待人，就可以唤醒人们的情感和信心。

4.细心就是一种责任感

责任感是战胜工作中诸多困难的强大精神动力，它使我们有勇气排除万难。一旦失去责任感，即使是自己最擅长的工作，也会做得一塌糊涂。

对待工作，是充满责任感、尽自己最大努力去完成任务，还是敷衍了事，这一点正是事业成功者和事业失败者的分水岭。事业有成者无论做什么，都力求尽心尽责，丝毫不放松努力；不负责任者无论做什么，都轻率疏忽。所以，有责任感的人一定是细心的，做事细致，一丝不苟。因为对工作负责，就是对自己负责。

005 可以不美丽，但有亲和力

在生活中，有些女人即使偶尔相识，或者只有一面之交，也能引起众人的注意，使人们感到喜悦，愿意和她接近并有交往的愿望。这样的女人会让人记忆深刻，打动人心，这是为什么呢？

当人们看见一道温柔的目光，或者是看见一个迷人的微笑，或者是看见一道优雅的举止，听到亲切的言谈，便不由自主地会形成一个印象和好的评价：这个女人很不错，很讨人喜欢。于是想与她接近，与她成为朋友。

人们在评价一个女人时，往往不会先说这个女人长得多么美，而大多会说这个人多么好。女人的好有多种表现，面目和善，待人热诚，言谈亲切，喜欢微笑，乐善好施等，都会给他人留下深刻而美好的印象。而这些好的表现，人们会用一个词来形容和概括：亲和力。

亲和力简单来说，就是具有使人乐于接近的力量。有亲和力的女人，人缘特别好，会特别吸引朋友，讨人喜欢，即使是第一次与人交往，也会令对方心生歆慕之情。

有亲和力的女人，或许不是最优秀的，但是这种亲和之力足以倾倒世人，让人们忽视她的缺点。有亲和力的女人，或许不是最漂亮的，但只一个爱笑的眼睛，一句温柔的话语，就可以将整个形象放大，让人们不禁赞叹：这个女人因为亲和而美丽。

1.容纳是人际关系的维生素

每个人都希望自己完全地被他人所接受，希望能够轻松地与人相处。男人希望得到女人的接受，女人也渴望得到男人的认可。

在和人相处时，很少有人敢于完全地暴露自己的一切。而一旦遇到亲切而友善的人，就会觉得轻松自在、毫无拘束，极愿和对方在一起。因为有亲和力的人，给人一种真诚值得信赖的印象。所以，人际交往的乐趣，只是在和能够接受自己的人在一起时才会表现出来。

作为女人，要学着容纳他人，接纳他人。首先接纳了对方，才能被对方所接纳。而女人一旦愿意接纳他人，对方就会因为信赖而愿意倾其所有，与之交往。

2.用放大镜看待别人的优点

专门找别人错处而吹毛求疵的女人，一定不受欢迎。所以，女人不要设定别人的行为合乎自己的标准，学着给对方一个自我表达的空间，学会尊重，对方的优点就会在自己眼里放大，形象也会变得美好起来。不要求对方完全符合自己的喜好，其行动完全符合自己的要求。要让身旁的人感到轻松自在，要在别人面前展示亲切随和的魅力。

一个女人如果能接受任性、粗暴的人，往往具有带动他人向上的最大力量。一个原本脾气暴躁、动作粗鲁的人，在温柔亲切的女人面前可能会变成一个和善、可靠的人，原因就是被女人的亲和力量所征服。

3.对别人表示认可

每个人都渴望获得他人的认可。如果说容纳对方的缺点与短处，伸出热情的双手接受对方，可能只会维持彼此间的情感，让对方感知和感激。而如果认可对方具有某方面的优点和长处，很可能会塑造或改变一个人。认可的力量是巨大的，如果停留在接受忍耐对方的缺点上不足以改变一个人，而认可对方的优点或长处则会让一个人变得更好。

被人承认是每个人所渴求的。而对人表示认可的一个有效方法是：夸奖对方还没有显现出来的长处，因为每一个人都拥有不为人所知的优点。

4.重视和关注他人，因为每个人都不想自己被忽视

每个人都有受人重视的愿望，要求别人能够重视自己，不希望自己被轻视。

所以，不要怠慢他人，学会时时感谢他人。承认每个人的独特价值，然后给予重视，自然会赢得别人的真心微笑与亲近感。

006 母性是女人最根本的品性

女人天生是为母亲的角色而准备的，心中永远依恋着的始终是深深的母性情结。当女人做了母亲之后，就懂得了生命与美的关系。

母亲的眼神是对孩子最好的抚慰。成为母亲后的女人，她的眼神、微笑、拥抱和话语，无不传递着浓浓的母爱，缭绕着一种动人的神韵。在举手投足间，女人味无处不在。因为对生命有着发自内心深处的怜爱，一个做了母亲的女人的眼睛是一双善于发现生命之美的眼睛，眼神里经常充满着欣喜、疼爱、慈祥、赞许和关怀。因而，这包含着母爱柔情的眼睛自有一种独特的美。

母亲的微笑通常包含着对子女的赞许、宽容、温柔和慈爱。因此，母亲的微笑不仅能让子女感到母爱的温暖、得到母爱的鼓励，看到世界的美好与和谐，从而使子女也学会微笑从容地面对生活。所以，一个永远保持微笑的母亲是世上最有魅力的女人。

母亲的鼓励和欣赏是对孩子最好的奖赏。在母爱的呵护和关怀下成长起来的孩子，长大后也能以一种明朗的心境自信而执着地去追求梦想。因为一个成功的母亲，会传递给子女成功的力量和气质。母亲是孩子最好的老师。

母亲的怀抱是世界上最温暖的摇床。不管一个女人在做母亲之前是多么矜持羞涩，或是多么粗枝大叶，一旦做了母亲之后，那呵护生命成长、充满母爱深情的拥抱就会变得自然而娴熟。当婴儿呱呱落地，母亲做的第一件事就是张开双臂，小心拥抱这稚嫩的生命。孩子那柔软的身体往往会触动一个女人最原始、最本能的母爱。当孩子投入母亲怀里的一瞬，即使是身体再柔弱的女人，释放出的母爱关怀都会像一股莫大的暖流，令孩子感到无比的安宁和温暖。这无处不在的亲子拥抱，让一个女人感到做母亲的自豪和满足，体味到一种真正的做女人的甜蜜和幸福。而这样的自豪、满足、甜蜜和幸福，让一个母亲表现出来的是圣洁、伟大的魅力。

母亲的形象是孩子最好的榜样。做了母亲的女人，有着一种由母爱和自信托起的婉约气质，也就是人们常说的成熟韵味。这种成熟的韵味并不是做了母亲后就自然而成的，而是在陪伴着孩子一起成长的过程中，在天长日久的付出和爱中慢慢积淀而成的。

1.母性使女人变得坚强

每当女人为母性的光辉所笼罩时，人们的心灵都会被深深地震撼。女人的体格通常是柔弱的，但当她的孩子处在危难关头时，身上所有的能量都会在瞬间爆发。因为，每一个母亲都是孩子最坚固的屏障。心中唤起的母性之情，将一个柔弱的女人变得无比的强大和坚韧。

2.母性使女人学会了爱和付出

一个女人做了母亲之后，不知不觉内心就会变得宁静而宽阔，心中升起对子女的无限柔情。做了母亲的女人，心中装满了爱和无私，愿意为了子女的幸福而心甘情愿地付出一切。这就是母爱的伟大。

3.母性使女人的形象高大而美丽

具有母性光辉的女人，总是最温馨最动人的。带着孩子的女人，整个人更显得温和明朗，笼罩着母性的光环。虽然外貌不见得美丽，但是眉宇间的那种气质，让人不由得感到亲近。

女人的幸福应该是甜蜜的爱情、完美的家庭、稳定的工作。拥有母性的女人，也紧紧拥住了属于自己的爱情、婚姻、家庭、事业和儿女。当一个女人身上散发出缕缕母性的柔情时，世界上的一切对于她们来说都变得无比美好而温馨。

007 善于发挥性格中的优势

每个女人都有自己的个性，不同性格的女人有着不同的思想，在处世态度和交际行为上也会有不同的表现。性格外向的女人善于沟通和交流，交际方式积极多变。那么，性格内向、腼腆的女人怎样才能在为人处世和交际活动中占有主动权，成为众人中的亮点呢？一个有效的办法就是发挥女人的性格优势。

1.性格优势之自信：自信的女人气场更强大

无论是内向还是外向的女人，都应该相信成功最终是属于自己的。现代社会中，人们通常把性格内向视为不容易接近和不善交际。其实，内向性格不等于性格有缺陷，更不是交际活动中的绊脚石。事物都有其两面性，哪一种性格都是兼具优点和缺点的，关键在于如何把握分寸，如何扬长避短。

外向性格的女人容易融入群体，善于和周围的人打成一片；但过分张扬活泼的个性，又容易给人一种性情暴躁、自制力差、不可靠的印象。内向性格的女人可能在热闹的交际场合中会显得很安静，但这种稳重可靠的性情更容易令人信服，也会被人们所赏识和看重。

2.性格优势之示弱：女人以退为进的小手腕

智慧的女人深谙进退之道，她们既自信自尊，又懂得尊重别人与自己的不同之处。女人往往会表现出低姿态去聆听、去理解，甚至去让他人发泄……然后再以退为进，达到自己的目的。

比如，身在职场的白领女性，会利用女人的性格优势来赢得男上司的赏识，获得男下属的拥护，受到男同事的欢迎。女人爱撒娇的天性，会让男上司觉得自己在扮演一个慈父的角色，从而被这种女儿娇的性格优势所说服；女人也可以利用温柔、宽容、具有亲和力等性格优势来化解与他人之间的竞争气氛和矛盾，这样的女人与同事之间的关系相处融洽，与客户的商洽也容易获得成功。如果是女上司，在面对男下属时，往往会利用母性的性格优势，像一位母亲或姐姐一样去理解和关心下属，细心地体察下属的想法，激发他们的潜能，而不会伤害对方的自尊。

3.性格优势之柔韧：强悍是男性的优点之一，但从来不是女人的优点

在职场，即便学历再高、职位再高、权力再大，女人也不应该表现得像一个悍妇，因为强悍是男人的优点。聪明的女人会懂得男人与女人之间的性别差异，尽量地用男人的立场和思维方式去考虑问题。她们会在表面问题上迁就男人，让他们赚足“面子”，但在实际的核心问题上会以女人的韧性坚持到底、绝不妥协，最终实现自己的目标。

4.取长补短，积极主动地弥补性格劣势

在现实中，性格内向的女人往往表现得敏感多疑、心绪消沉、胆小软弱、固执拘谨、因循守旧、行动迟缓等。这样使人不容易接近，自然减少了与人打交道的机会，而且容易使人产生距离。性格是可以改变的，但要掌握好方式和分寸，否则会失去自我。

5.在适当的场合发挥性格中的优势因素

不要因为自己性格内向就显得更加不合群，这样只会留下自卑的情绪。性格内向的女人喜欢安静思考，凡事总会深思熟虑后才有所行动，有时行动的果敢和坚定却是非一般人能比的。坚持自己的性格特色，日久天长就会在周围的朋友圈中建立起属于自己的那份沉着踏实、耐心谨慎、自制力强、平易近人、文静诚恳的形象。忠实可靠让人更容易向你敞开心扉，同时独到的见解也会给对方留下美好的印象。

008 喜欢自己是一种自信

女人能从容自信地面对人生，远比她长得如何重要得多。因为能从容自信地面对人生的人，会让人感觉如沐春风，充满活力，招人喜欢。

每个女人都有属于自己独特的魅力，但是可能因为性格的因素或者自卑心理，不善于展示自己的魅力。这种缺乏自信的表现，会使女人的优点、长处、潜在之美得不到挖掘和展示。而别人也很难从外在表现上做出正确的评价和欣赏。

人们常说，自信的女人最美丽。只有相信自己，才能激发进取的勇气，才能感受生活的快乐，才能最大限度地挖掘自身的潜力和魅力。哪怕一个非常平凡的女人，只要对生活充满信心，对自己充满自信，就可以在人生的舞台上展现女性魅力的光彩。

自信的对立面是自卑。缺乏成功的经验和客观的评价，消极的自我暗示等原因，是导致自卑心理的原因。有自卑心理的女人大多表现为抑郁、悲观、孤僻，不爱与人交往等。具有自卑感的人总认为自己事事不如人，自惭形秽，丧失信心，进而悲观失望，不思进取。如果内心被自卑所控制，其精神生活将会受到严重的束缚，聪明才智和创造力也会因此受到影响而无法发挥。自卑是一种不良的心态，要自信首先就要克服自卑的心理。

对自己不自信，很大一部分原因来自对自己的不接纳。不自信的女人往往不喜欢自己，却总幻想着成为某某一样的人。习惯于否定自己内心真实的想法、感受和愿望，用一些消极的词汇来评价自己，贬低自己，隐藏自己的能力，这些都是不喜欢自己的表现。不喜欢自己的人常常有一种奇怪的心理，认为只有先得到对方的接纳，然后才自己接纳自己。这种想法是错误的。自信的人总是先接纳自己，喜欢自己，然后再获得他人的接纳和喜欢。肯定了自我，才能得到别人的肯定。

其实，每个人都具有自己的某种优势，都有适合自己的工作、事业。世界上并不存在完美的人，所以没必要对自己过分的苛求。作为女人，应该珍惜自己，学会爱自己，对自己宽容一点。不同的人，生理素质、心理特点、智能结构等必然千差万别。有的女人头脑聪明，思维缜密，善于分析；有的女人具有灵气，富有幻想，喜欢浪漫；有的女人擅长谋略，具有领袖风范。每一个女人都能找到属于自己的魅力舞台，也因为与众不同而风情万种。

客观地认识自己，知道自己的长处，找到自己的发展方向，就是个人价值的体现。因此，女人要想开心地生活，首先要懂得接纳自己。这种接纳是接纳所有的一切，包括缺点。

1.正确认识自己，客观地进行自我评价

不断提高对自我的评价，可以让女人更自信。当心生自卑或者容易否定自己时，可以静下心来审视自己，认识自己，对自己进行全面分析，女人应该学会正确看待自己，给自己一个客观的评价。当自信不足时，可以多看自己的长处，多想想成功的经历，并且不断进行自我激励："我一定会成功""我不比别人差"，等等，这样经过一段时间锻炼，就会减轻自卑心理，重新找回自信。

另外一个有效的办法是，不断增加自己对成功的体验，比如找一些力所能及的事情来练习，体验成功的快乐。这样有了第一次行动的成功，自己就多增加了一分自信心，然后再按同样的方法获取下一次的成功，这样随着成功体验的积累，自信就会战胜自卑。

2.学会接纳自己的不完美，让自己表现得最美丽

通常情况下，如果一个女人看上去比其他时候显得更加美丽动人，那么此时一定也是心情最好的时刻。因为女人在心情好的时候，往往会将自己打扮得更精心更细致，如果心情不好，自然无心妆扮。同样，如果把自己打扮得非常漂亮，也会让心情变得好一些。因此，如果女人想要有个好心情，就不要忽视自己的妆容，把自己打扮得漂亮一点吧！

3.学会毫不畏惧地看着别人，并且是专心的凝视

正视别人，是积极心态的反映，是自信的象征，更是个人魅力的展示。当然，对于一位害羞的女人来说，开始这样做比较困难，但非学不可。试想，当有人主动地伸出友好的手时，回避对方的视线，或者将目光转向别处，不仅显得有失礼仪，也会让对方觉得尴尬。为什么不拿出点儿勇气来，大胆而自信地看着别人呢？

4.积极地与人交往

要有意识地选择与那些性格开朗、乐观、热情、善良、尊重和关心别人的人进行交往。在交往过程中，会因为自信的魅力而被他人所吸引，而他人的赞赏和欢迎也有助于跳出个人心理自卑的束缚，心情会变得开朗起来。同时，在交往中多方位地认识他人和自己，通过有意识的比较可以正确地认识自己，调整自我评价，提高自信心。

009 女人要有女人味

一谈起女人味，人们总会联想到性感、妩媚、风姿绰约、风情万种的女人，似乎只有这样才是有女人味。其实，女人味有很多种，每个人的欣赏角度不同，“味道”自然也不同。

能凭自己的内在气质令人倾心的女人，是最有女人味的女人。一个有着水晶一样干净的心的女人，一个温柔似水、善解人意的女人，一个懂得爱人的女人，同样具有女人味。这种女人味由内而外地散发出来，深入人心，耐人寻味。

每一个女人都拥有自己的专属舞台，每一个绝美的瞬间都会被深深地镌刻在她的记忆中。任凭岁月雨打风吹，这种独特的女人味都永远无法被抹去，不会消退。

总的来说，女人味就是一种人格的折射，一种文化修养的外现，它代表着女人的品位、情感和美好的情趣。而最为重要的是，女人味更彰显着女人内在的品质和魅力。有女人味的女人，神韵、风采和气质总是会显得与众不同，让人看起来更亲切、妩媚和美好。可以说，有三分漂亮的女人一旦充满女人味，会让自己的美丽立刻增加到七分；反之原本七分漂亮的女人也会因缺失了女人味而让自己的美丽打折。一个缺少女人味的女人，即使貌美如花，身材绝佳，也会令人厌倦，举手投足间令女人的魅力尽失。

林清玄说过，这个世界一切的表象都不是独立自存的，一定有它深刻的内在意义。那么，改变表象最好的方法，不是仅在表象下功夫，一定要从内在改革……化妆只是最末的一个枝节，它能改变的事实很少。深一层的改造是改变体质，让一个人改变生活方式，睡眠充足比化妆有效得多；再深一层的改造是改变气质，多读书、多欣赏艺术、多思考，对生活乐观、对生命有信心、心地善良、关心别人、自爱而有尊严，这样的人就是不化妆也让人乐于亲近。脸上的化妆只是改造最后的一件小事。简言之，三流的化妆是脸上的化妆，二流的化妆是精神的化妆，一流的化妆是生命的化妆。

也就是说，做女人一定要有女人味，那样才能吸引众人的目光，尤其是来自异性赞赏的目光。

1.女人味不是刻意表现出来的

前卫不是女人味，切不要以为穿上件古怪的服装就有味了。当然这也是味，但却是“怪味”。

2 .沉稳矜持是女人的最高品位

女人不要随便显露情绪，不要逢人就诉说困难和遭遇。在征询别人的意见之前，自己先思考，但不要先讲。不要一有机会就唠叨不满。重要的决定尽量和别人商量，最好隔一天再发布。言谈举止不焦躁，不慌张，言行一致，永远给人一种沉稳的好感。

不管是白领还是蓝领，也不管待字闺中还是初为人妻，作为女人，永远不要大大咧咧、风风火火。要记住：凡事有度，沉稳矜持永远是女人的最高品位。

3.凡事有度

妆要淡妆，话要少说，笑要微笑，爱要执着。无论在什么样的场合，女人都要把握好做人的标准和度。

4.有情调的女人一定有女人味

有钱的女人不一定有女人味，这样的女人铜臭有余而情调不足，情调不足就索然无味。

5.男人眼里的女人味

在男人眼中，一个充满女人味的女人至少要有以下六大特征：

举止斯文，声音悦耳，说话节奏不快也不慢；

善良，有一点点不做作的天真；

独立自主，保持本色，独具个性；

善解人意，不强人所难，与人为善，有理也让人三分；

穿着得体，不传统守旧也不夸张，但绝对干净清爽；

大方但不张扬，让人乐意与她相处或共事。

说到底，女人味其实就是男人眼里的女人形象，是站在男人的角度上看女人。

总的来说，女人味代表着男人对女人的评价和期待。因此，拥有女人味，可以使女人的魅力永存。

010 知足的女人最有福

不懂得知足的女人永远不知道什么是幸福，因为不知足的女人总是看到自己没有的，却从来不想想自己拥有的。而要求越少、知足常乐的女人更容易拥有幸福生活。因为知足的女人有时间去维护感情，珍惜工作，珍惜家庭，珍惜友谊。

知足的女人是有福的。知足感会让女人的小日子过得简单却有生机，即使不拥有豪华富贵的阔太生活，也会每天都觉得富足。这种富足不仅包括对物质生活的满足，也是精神和心灵上的富有。知足的女人懂得合理取舍，让幸福常伴左右，美满一生。

知足的女人不贪心。女人的幸福感往往比男人少，因为女人比男人更贪心。女人的欲望和追求似乎是无止境的，而来自身边各种各样的诱惑很难让女人的心得以平静，让女人变得不知足。其实要获得幸福，先要懂得知足感恩，只有满足于自己的拥有，珍惜自己的拥有，才能真正体验到幸福感。

知足的女人从不会对生活心存过高的期望。“知足”便不会有非分之想，“常乐”能保持心理平衡。其实，生活中并没有多少永远属于自己的东西。很多东西会在人生旅途中渐行渐远直至消失，比如青春、美貌、名利、财富……当回首岁月时，也许只有知足的心态是最让自己感到欣慰的了。

1.做个有知足心态的小女人

在生活中，只要女人心存一份爱，时时刻刻都会让人知足。比如，下班后全家人围坐在餐桌旁，品尝可口的饭菜；妻子一边忙家务，一边看着丈夫和儿女一起幸福地做着亲子游戏；一个人在闲暇时，可以坐在一个自己喜欢的角落看书、写字、记日记；回答儿女总也问不完的问题；陪同丈夫、孩子在幽静的小路上一边散步，一边欣赏着醉人的月光；或者一个人在旅行途中，轻轻地呼吸着花儿的淡淡幽香，听着小鸟飞虫欢快地歌唱。这就是简简单单的幸福，也是人生最大的幸福。拥有这样一种幸福，当面对一切的时候就会淡然处之，知足常乐。

知足的女人不追求大富大贵的生活，拥有一份自由职业就可以获得快乐，和家人和睦相处，平安地生活每一天，拥有一个健康的身体，就是最大的福分。闲暇时分可以找几个闺蜜一起逛街购物，买几件自己喜欢的衣服和饰物，即使宅在家里也不忘把自己打扮得整洁光鲜。或者没事时上网浏览，和朋友聊天，说说心中的快乐和烦恼，找一本书或网站阅读小文章，在真实而感人的情节里或喜悦或感动。何尝不是一种幸福？知足的女人会把家里布置得干净整洁，淡雅舒适。炒菜做饭讲究营养搭配，会让丈夫和孩子感到“家”是最温馨的港湾，最舒适的休闲寓所。

2.知足女人视情感第一，利益第二

知足的女人不会羡慕别人的丈夫出类拔萃，因为只有适合自己的才是最好的，优秀的男人虽多但不一定适合自己，就像鞋子，穿得舒服与否只有自己知道，不必自寻烦恼。知足的女人不会斤斤计较，不会追问丈夫的行踪，检查丈夫的钱包和手机。让丈夫能感觉到家的温暖和安宁，无论工作再忙，心都会惦记着自己的家。

知足的女人也不会羡慕别的女人生活优越，因为拥有荣华富贵的家庭并不一定都会幸福。宁静淡泊、休闲自在而无忧无虑的生活，何尝不是一种美丽。

知足的女人不会羡慕别人的孩子出色，成绩名列前茅。因为温暖舒适的家庭氛围更适合孩子健康快乐地成长，这要比任何名次都更为重要。

知足的女人对待朋友和邻居，总是那么和蔼可亲，贤惠善良，不计较邻里得失，所以往往口碑最好。

Chapter 2

礼行天下，举手投足如沐春风

无论是在银幕上还是在生活中，最让人着迷的往往是那些举止端庄大方、懂礼仪、有教养的女人。彬彬有礼的女人能使自身的美焕发出一种特殊的力量，而知礼达礼，本身就是气质优雅的最好标签。

011 礼仪是女人成功的通行证

无论是银幕上还是在真实的生活中，让人着迷的往往不是漂亮的女人，而是那些举止优雅、懂礼仪有教养的女人。懂礼仪的女人才会具有高贵的气质，温柔典雅的女人才能散发迷人妩媚的气息，彬彬有礼的女人能使自身的美焕发出一种特殊的力量。

羽西是一个时代感极强、极富代表性的魅力女人，接受过正规的东西方文化教育和熏陶，可以说是女性礼仪魅力的一面镜子。她强调一个女人的魅力重要的是学会遵守礼仪的原则和规范。

讲究礼仪的女人都会显示出与众不同的风采，会得到他人的尊重。即使你的外貌不是最吸引人的，而你的绰约的风姿、时尚的发型、得体的服饰、优雅的举止、不俗的言谈也会让人着迷。

在社会交往中，相信每个女人都想获得优雅的美誉。优雅体现在礼仪中，就是自内而外的流露，是不经意间的举手投足，是恰到好处的尊重与自信，唯有得体的礼仪才会让你散发出优雅的气质。仪容端正、谈吐文雅、举止大方、彬彬有礼，成为生活中最具魅力的女人，才最容易获得成功。

礼，是指由一定的道德观念和风俗习惯形成的礼节及表示尊敬的态度或动作；仪，是指人的外表、动作及按程序进行的礼节。简言之，“礼”，即礼貌、礼节；“仪”，即仪表、仪态、仪式。遵行礼仪就必须在思想上对交往的对方有尊敬之意，有乐贤之荣；谈吐举止懂得礼仪规矩；外表上注重仪容、仪态、风度和服饰；在一些正式的礼仪场合，还须遵循一定的典礼程序等。

女人讲究礼仪，就会在众人面前树立良好的个人形象；身为职场的女白领讲究礼仪，就会为自己的组织树立良好的形象，赢得公众的赞誉。现代市场竞争除了产品竞争外，更体现在形象竞争上。一个具有良好信誉和形象的公司或企业，更容易获得社会各方的信任和支持，可在激烈的市场竞争中处于不败之地。所以，职场丽人时刻注重礼仪，既是个人和组织良好素质的体现，也是树立和巩固良好形象的需要。

良好的礼仪可以更好地向对方展示自己的长处和优势，它往往决定了机会是否降临。比如，在公司，你的服饰适当与否可能就会影响到你的晋升和与同事的关系；带客户出去吃饭时你的举止得体与否也许就决定了交易的成功与否；又或者，在办公室不雅的言行或许就使你失去一次参加老板家庭宴请的机会……礼仪是一种信息，能够表达出尊敬、友善、真诚的感情。

恰当得体的礼仪可以获得对方的好感、信任，是一个女人思想水平、文化修养、交际能力的外在表现。

俗话说“礼多人不怪”。为人处世、说话办事多掌握些社交与礼仪知识，做个懂礼、知礼、行礼的优雅女人，不仅会赢得别人的尊敬和赞赏，也会令更多的人亲近你。

012 优雅的女人要有优美的姿态

优美的身姿是形体美的重要因素之一。女人必须保持一个正确而优美的身体姿态，配上得当的言行举止，才能显示出女性的优雅魅力。

古诗《陌上桑》里说：“行者见罗敷，下担捋髭须。少年见罗敷，脱帽着帩头。耕者忘其犁，锄者忘其锄。”通过描绘旁观者看到罗敷后种种忘情的神态，惟妙惟肖地表现了这些人对她美丽姿容的倾慕心理。

姿态除了能反映心理，也能够体现身材美。一直以来，人们讲究站有站相，坐有坐相。即使在产后，女人也应该讲究姿态美。

1.女人的站姿：秀丽挺拔，端庄放松

健美的站姿会给人以挺拔笔直、舒展大方、精力充沛、积极向上的印象。

女人良好的站姿应该是身体重心放在两脚上，两脚并拢直立，腰背挺直，挺胸收腹。双目向前平视，嘴唇微闭，面带微笑，微收下颌。

在公共场合，不要无精打采、耸肩勾背、东倒西歪，不要倚靠在墙上或椅子上，不抖腿，不摇晃身体，不要挺肚子，以免形体不雅观。

站姿可以随着场合进行调整。同别人交谈时，如果空着手，可双手在体后交叉，右手放在左手上。若身上背着背包，可利用背包摆出优雅的站姿。

总之，站的姿势应该是自然、轻松、优美的，不论站立时摆何种姿势，只有脚的姿势及角度和手的位置在变，而身体一定要保持绝对的挺直。

2.女人的蹲姿：不可忽略的细节

女士下蹲不要翘臀，应上身直，略低头，双腿靠紧，曲膝下蹲，起身时应保持原样，特别穿短裙下蹲时更不要翘臀。

3.女人的坐姿：稳重端正，文雅自然

女人美好的坐相是端正稳重。端庄优美的坐姿，会给人以文雅稳重、自然大方的美感。

女人良好的坐姿应该是，入座时走到座位前，转身后把右脚向后撤半步，轻稳坐下，然后把右脚与左脚并齐，坐在椅上，上体自然挺直，头正，表情自然亲切，目光柔和平视，嘴微闭，两肩平正放松，两臂自然弯曲放在膝上，也可以放在椅子或沙发扶手上，掌心向下，两腿自然弯曲，两脚平落地面。

在正式社交场合，女性两腿并拢无空隙，不宜前伸。

就座交谈时，尽量不要背对自己将要与之交谈的人。为使坐姿更加正确优美，应当注意，入座要轻柔和缓，起立要端庄稳重，不可弄得座椅乱响，就座时不可以扭扭歪歪，两腿过于叉开，不可以跷起二郎腿。女士着裙装入座时，应用手将裙装稍稍拢一下。正式场合与人会面交谈时，身子要适当前倾，不可以全身靠在椅背上，显得体态松弛。

坐沙发时，因座位较低，要注意两只脚摆放的姿势，双脚侧放或稍加叠放较为合适。避免身体下滑形成斜身埋在沙发里，显得懒散。更不宜把头仰到沙发背后去，把小腹挺起来。这种坐相显得很放肆，又极不雅观。

4.女人的走姿：步履轻盈，精神抖擞

女人走起路来应像风一样轻盈。双目向前平视，面带微笑收下颌。上身挺直，头正、挺胸收腹，重心稍前倾。手臂伸直放松，自然摆动。

走路用腰力，要有韵律感。如果走路时腰部松懈，就会有步履沉重的感觉，不美观；如果拖着脚走路，更显得没有朝气，十分难看。要保持优雅的步姿可以记住以下几句口诀：以胸领动肩轴摆，

提髋提膝小步迈，跟落掌接趾推送，双眼平视背放松。

女人走路最忌“内八字”和“外八字”；不要弯腰驼背、摇晃肩膀；不要步子太大或太碎；走路时不要大甩手，扭腰摆臀，左顾右盼。

走路的速度也影响女人的优雅形象。走得稍快会给人以朝气蓬勃的感觉，相反则会给人以老态龙钟、暮气沉沉的不良印象。

013 举止优雅，卓尔不凡

在社交场合，女士举止应自然大方，不要忸怩作态，不要轻佻，更不可挤眉弄眼，过分地装出一副笑脸，给人的感觉就如同献媚。举止行为体现女人的修养，一个优雅的女人应做到行为文明、举止得当。交谈和出席任何场合都要符合一定的标准，注意细节，才能给别人留下好的印象。女人的优雅举止具体体现在如下几方面：

1.轻轻点头，表示问候

这是一种最常见的礼貌举止，经常用于与熟人打招呼。用点头来打招呼时，应用眼看着对方，面部略带微笑，等对方有表示时再转向别处。点头打招呼也可以在较大的迎送场合使用，当迎送者较多或距离较远时可以用点头表示敬意，也可以点头和握手配合使用。

2.起立、鼓掌和拥抱，表示欢迎和欢送

起立致意是一种在较正式场合使用的礼仪，常用于集会时对报告人到场或重要来宾莅临时致敬。鼓掌是在社交场合表达赞许或向别人祝贺等感情的礼貌举止。鼓掌的方式有许多种。举臂过顶时，表示强烈的欢迎；面带微笑轻轻地拍启手掌，表示自己对别人祝贺的心意。拥抱是传达亲密感情的礼貌举止。在国外，特别是欧美国家应用广泛。

3.利用手势语传情达意

手势能够更好更准确地表达内心思想和情感，比如在激励团队或与他人交流时，加入手势强化表达就是最直接和强有力的。

常见的姿势是交叉着十指举在面前，面带微笑地看着对方。也有的交叉着十指平放在桌面上，这种动作常见于发言人。出现这个动作时，表明发言正处于心平气和、娓娓叙谈的阶段。

双手叉在腰间，这是一种表示抗议、进攻的常见举动，以及含有挑战、奋勇向前的意思。

有人喜欢把两手指尖合起来，形成一种“尖塔”的手势。这是一种有信心的动作，但有时也表现出一种装模作样、自大或骄傲的心态。专家研究发现，自信程度愈高的人，尖塔姿势的位置也愈高。

手势上扬代表着赞同、满意或鼓舞、号召的意思，有时候也用来打招呼。是一种能显示出个人特点、很受人欢迎的手势，可以塑造出一种豪放、大度、有号召力的语言能力。

4.坚决避免不礼貌的举止，让优雅形象不打折

女人抖动腿脚在社交场合是一种很不文明的举止，是缺乏自信心的下意识举动。在交谈中下意识地挠头摸脑，既不卫生，又显示出你的拘束与怯场，会造成他人对你的轻视，认为你社交经验少。揉鼻挖耳不但容易给人带来感官上的反感，而且还会让人感到你很傲慢、不懂礼貌。

在与人交往时，除了需要避免不文明举止外，与人交谈时还应该注意交谈时双方的距离。距离过近或过远都会有失礼貌。距离过远，会使对方误认为不愿与之接近，有拒人千里之外的感觉；距离过近，稍有不慎就会把唾沫溅到别人脸上，或者口中或身上的异味被别人闻到，令人生厌。如果对方是异性，保持不当的距离，还会使之戒备或者被误会。

014 女人的眼神会说话

眼睛是心灵之窗，在传递信息的过程中起着最重要的作用，它能如实地反映出人的喜怒哀乐，能够传达出最细微、最精妙的差异，表达出最确切的信息。有的人在与陌生人交往时，不知把目光放在哪儿，有的人不敢与对方对视，而有的人则死盯住对方，这样都是不礼貌的。

社交场合最受欢迎的眼神应该是：智慧、诚恳、明亮、平静、友好、坦然、专注、坚定的眼神；该忌讳的眼神是：挑逗、仇恨、轻佻、卑琐、轻蔑、奸诈、愤怒、凶狠、阴沉、游离、茫然的眼神。女人在与人沟通过程中，不可忽视眼神所透露的信息。

良好的交际目光应是坦然、亲切、和蔼有神的。做到这一点的要领是：放松精神，不要聚焦在对方脸上的某个部位。

目光是富有表现力的一种体态语，适当地运用能给交往带来好的作用，否则会带来不必要的误解。诸如斜视、漠视、瞥视的眼神少用为好。不同国家地区的民族习俗不同，他们的眼神运用也各有特点，如阿拉伯人认为，对谈话人凝眸而视是礼貌的，与人对话而目光旁落是侮辱人的行为。而在非洲的尼日利亚，久久直视对方意味着对其不尊重。瑞典人交谈时，则喜欢你看着我，我看着你。

与人交谈过程中，注视对方的时间长短很重要。一般地，若对对方表示友好，则注视对方的时间应占全部相处时间的1／3左右；若对对方注视的时间占全部相处时间的2／3左右，是对对方表示关注之意；若注视对方的时间不到相处全部时间的1／3，往往意味着对其瞧不起，或没有兴趣；若注视对方的时间超过了全部相处时间的2／3，则不是表示对对方本人发生了兴趣，就是表示对对方怀有敌意，或是为了寻衅滋事。

一般地，仰视表示尊重、敬畏之意，适用于面对尊长；俯视通常用于身居高处之时，既可表示对晚辈的宽容、怜爱，也可表示对他人的轻慢、歧视；而平视适用于在普通场合与身份、地位平等之人进行交往。因此，与人交往时尽量不要站在高处俯视于人；面对长辈、上司和贵宾时，站立或就座应选择较低之处，仰视对方往往会赢得对方的好感。当对方缄默不语时，就不要看着对方，以免加剧因无话题造成的冷场、不安的尴尬局面。当对方说了错话或显得拘谨时，不要马上转移自己的视线；否则会让对方误认为是对其讽刺和嘲笑。

和朋友接触或被介绍认识的过程中，可以以凝视对方稍久些的方式来表示自己的自信，也能给对方留下一个深刻的印象。

和别人碰面时，可以以把眼光移开的方式解决自己不自在的感觉，这么做可以减轻你所感受到的压力。

当对方赠给你名片时，接过后一定要当着对方的面认真看，这样做对方会认为你是很尊重他的。

015 优雅得体的挽臂礼

挽臂礼节是优雅高贵的，最为重要的是挽臂的姿势。优雅的挽臂姿势是，女士站在男士的左侧，伸出右手，轻轻地挽住男士左臂的臂弯。男士的左臂姿势是，应有一定幅度的自然弯曲，不能伸直。要注意如果臂弯不太大，就会使女士紧紧地贴在自己的身上。在公共场合不是显示二人关系的亲密程度的地方，所以不论二者是什么关系，这一姿势都是不雅观的。

一般女士身材较男士来说较矮小一些，步伐会跟不上男士的步伐。此外女士一般在隆重的场合都佩戴饰物，服饰庄重，还穿着高跟鞋，这时男士要注意照顾女士，不要独自快行。挽臂的双方在某一时间内要保持一定的挽臂姿势，不要一会儿从这只手臂换到另一只手臂，一会儿摇晃个不停。

女士挽着男士的手臂是正确的挽臂方式，不能够相反。男士搀扶女士只有在下述情况下才是允许的，如女士是长辈或老师，女士的身体极为虚弱并需要帮助。

中国人挽臂目前以夫妇和情侣之间最为普遍，女人与闺蜜之间的挽臂也可以，一般是身材较低的一方挽住身材较高一方的手臂。此外，晚辈、学生对尊敬的长辈、老师也有挽臂之举。但一般情况下，关系普通的异性不宜挽臂。除非女士首先提出要求，否则是不允许的。当我们过马路或上下公共汽车时，遇到需要帮助的长辈、病人去搀扶一下，这则是一个人应有的基本礼仪。

016 学点迎来送往的日常接待礼仪

作为女人，应该懂得并学会运用一些日常礼仪，来增进与他人的感情，提升个人的魅力。比如日常招待、请客送礼、迎来送往、日常问候等，都体现着女人的素质和修养。所以，为了做一位受人欢迎的女主人，需要具备以下生活中的基本礼貌和礼节。

1.日常问候寒暄礼仪

早上起床后或上班后，与家人要打招呼问好，同事之间应相互问候，如“早上好”等。晚上就寝前，应相互问候，如“晚安”等。离家或下班均应与家人、同事打招呼，互道“再见”。节日到来之时，向远方或不常见面的亲友及时送去自己真诚的问候，这是保持友谊和联络、表明心迹的最简单又极有效的方式。在路上遇见熟人或朋友，免不了要互相寒暄一阵，也要注意礼仪。寒暄不宜过久，多向对方表示关心，不要拖延时间或说话啰唆，如果遇到对方有急事的情况不宜寒暄。

2.家常待客礼仪

有客人来家里做客，作为女主人应事先有所准备，将房间打扫干净，备好待客食物、茶，着装也要得体，不能穿得过于随意。当有客人来访时，不要当着客人的面与家人发生争吵，也不要贬低或批评丈夫、孩子。

对待客人不宜过于客套，否则客人会觉得不舒服。远道而来的客人，夫妇应共同前去迎接，并将家人一一给予介绍。如果客人是不期而至，要表示热情欢迎和接待，微笑着握手问候，不要冷落了客人。

与客人谈话态度要诚恳，不要显出厌倦或不耐烦的样子，不要让客人感到尴尬。如客人到达时还有其他客人，且双方互不相识，主人要主动做介绍。如果有陪同客人一起到访的人员，即使不认识，也要像招待客人一样招待客人的陪同人员，有礼貌地打招呼或是问好等。

当客人告辞时，应与之握手告别，将客人送至门外，并道“欢迎再来”。

3.做客礼仪

在去别人家里做客时，时间和地点要客随主便，并准时到达。在凌晨、深夜等休息的时候，或者用餐时间，不宜做突然拜访；不要贸然登门，以免打乱对方的安排。

做客之前要穿戴整齐，给主人呈现一个良好的形象。在到达主人家后，要先征得主人的同意再进入，禁止直接推门而入。进入室内后，不要乱动主人的私人物品和摆设，也不能很随便地乱脱、乱放衣服，不要以自己的好恶和眼光评论主人家中的装饰和陈设。

在拜访时，如果主人家中有老人或孩子，可以带一些小礼物表示心意。做客时要大大方方，诚恳自然，讲究卫生。

做客的时间不宜过久，如果赶到了晚上，应该在主人休息时间之前离开，不要在主人家里过夜。去拜访异性朋友要在白天，并且有人同往，已婚的女性可以与丈夫一起去做客，可显得更加知礼和体面。

4.馈赠礼仪

朋友过生日、祝贺、祝寿、商务送礼，都离不开馈赠礼物。一份小小的礼物不仅有助于加强沟通，又可增进感情。通常情况下，女人挑选礼物是比较心细而有创意的。针对不同的场合和不同的人，选择的礼物也应有所不同。

对于经常交往的朋友，不必每次都送礼。比如，拜访时可以随身携带小礼品，落座后就应把礼品拿出来，双手捧交对方。收别人礼物宜应双手捧接，并立即表示感谢。如果遇到不适合接受的礼品，要及时退还，表示感激同时说明不受之由。礼品也可以请人送上门或邮寄，收到送来或邮来的礼品，应亲笔回复一封信或一枚名片表示感谢。对礼品的精心包装会显示出情谊和诚心。

5.探视礼节

探望生病的亲朋好友，最好是选择特定的时间专程探望，表达对病人的关怀与友情。探望病人时，要注意自己的神色表情和言谈举止。

探望时选择适当时机，尽量避开病人休息和治疗时间。如果是探望住院的病人，还应在医院规定的时间内前往。若病人正在休息，应不予打扰，可稍候或留言相告。

一同前去看望病人的人不要过多，否则既会影响病人的休息，又会妨碍其他人。

给病人送礼品要考虑病人的病情和礼物的寓意，送给病人的礼品要精心挑选，其中鲜花、水果和书刊是普遍受欢迎的。如果送食品或营养品，要事先考虑好病人的病情。

017 女人应遵守的职场礼仪

一个懂得职场礼仪修养的女人会赢得上级的青睐、同事的喜爱和下属的拥护。职场修养不止体现在职场穿着、举止行为、语言素质方面，还表现在与人相处、待人接物上。

在职场中，具有修养的白领丽人会严格要求自己，服饰仪容会精心修饰，谈吐严谨，做事干练，不会做出有失大雅和有损形象的行为。

有修养的女人不仅懂得表现和展示个人的良好形象，也会维护集体的形象。

因此，学一点职场礼仪之道，有助于让自己的职场之路更顺畅，使职场人际关系更融洽。

1.职场中的着装细节

在办公室工作的白领丽人，应时刻注意自己的形象。

在服饰的搭配上，要与工作环境相协调，以体现权威、声望和精明强干的风格为宜。西装套裙、连衣裙或长裙都是比较适宜的职场着装，而应该避免穿露、透、短的衣服。

白领丽人在办公室里工作，不能穿吊带背心、短裤或拖鞋。戴的首饰也不宜过多，叮当作响会分散别人的注意力。

2.对上司和同事表示尊敬

在办公室里对上司和同事们都要讲礼貌，不能由于大家天天见面就将问候省略掉了。“您好”“早安”“再会”之类的问候语要经常使用，不厌其烦。同事之间不能称兄道弟或乱叫外号，而应以姓名相称。对上司和前辈则可以用“先生”或其职务来称呼，最好不同他们在大庭广众之下开玩笑。

女同事在工作的闲暇时间内不要拉扯、打闹。与男同事一起工作或交往时，要注意行为举止和语言修养。

3.同事间的闲聊也有禁忌

俗话说“趣味相投”，只有共同的爱好、兴趣才能让人走到一起。可以在午休时间与同事们一起交流和聊天，关注一些感兴趣的消息和新闻，可以增进与同事之间的感情。

同事之间闲聊是件很正常的事，但是不要过分地自负，装作什么都知道是自大的表现。职场丽人在任何场合下闲聊时，不求事事明白，问话适可而止，这样同事们才会乐意接纳你。与同事谈论薪水、职位的升降或打探他人隐私，是招人反感的。同事能将自己的隐私告诉你，说明对你是足够信任的。如果在别人嘴中听到自己的私密被曝光，就会影响彼此之间的友谊。因此，不随意泄露个人隐私是巩固双方友情的基本要求，如果这一点做不好，恐怕没有哪个同事敢和你推心置腹。

4.低调处理内部纠纷

在长时间的工作过程中，与同事产生一些小矛盾，那是很正常的，千万要理性处理摩擦事件。不要表现出盛气凌人的样子，非要和同事做个了断、分个胜负。得理不饶人，同事会对你敬而远之，从而失去人心。

018 公关礼仪是女人的职业名片

职业女性掌握一定的公关礼仪是必需的。职业女性往往会出入各种商务场合，如果行为举止优雅规范，谈吐自如，形象良好，不仅是个人素养的表现，也代表着集体的形象。

可以说，一个懂得公关礼仪之道的职业女性，是一张亮丽的名片，也是一个集体或企业高素质的标志。

1.介绍礼仪

介绍的顺序应该是先将年幼人士介绍给年长的人士；将晚辈先

介绍给长辈；将男士介绍给女士，以表示身份和性别上的尊重。

在初次见面和正式场合中作介绍，应指出对方的姓名，不要叫对方的绰号、昵称或以姓作为简称。

2.握手礼仪

在正式场合与别人握手时，应用右手，身体微微地前倾以示尊重，双方距离1米为宜。握手的力度要合适，以示诚恳热情，过轻过重都是失礼的行为。握手时要热情，面露笑容，注视对方眼睛并亲切致意，切不可漫不经心，东张西望。如果手上有手袋，应用左手拿住。

握手时的时间不宜过长，也不要使劲拉着对方的手不放。

3.交换名片礼仪

在商务场合，初次与人见面通常需要相互递交名片。递交名片时，应站立、面带微笑、目视对方，用双手或右手将名片正面交与对方，然后双手接过对方名片后应道谢，并阅读名片。

名片夹应放在西装的内袋里，而不应从裤子口袋里掏出；名片夹由于要长久使用，所以尽可能买个质地好的；如果对方伸出左手递交名片，自己要伸出右手去接，同时左手也应递交名片，这样互相交换；如果对方名片上的姓名有不容易读的字，应客气地问清楚；如果对方有两人以上，应将他们的名片排好，并按照名片的顺序分别与他们进行交谈。

4.商务交谈礼仪

交谈应注视对方面部，既不可死死盯住对方的眼睛，也不可草草应付，不与对方眼神交流。交谈者的距离应在2米以内，距离太远会影响良好的沟通氛围。交谈时不应随意打断对方谈话。

5.拜访礼仪

商务拜访应先做好预约或提前向对方打招呼，避免没有预约的拜访。拜访时间确定好要守信用，避免无故失约，如果有重要的事不能拜访，要提前通知对方。如果是私人拜访，应该携带花卉、酒等特色小礼品。在拜访的客户家中，未经邀请不能随意参观，即使较为熟悉的人也不要任意抚摸把玩客户的东西，不要随意翻找室内的书籍、花草及其他陈设物品。

6.接待来访礼仪

客人初次拜访通常都有拘谨和生疏感，要先将客人一一介绍给在场的相关人士，并应主动介绍客人可能会需要的设施，如洗手间等。待客时不要经常看手表，会给客人造成急于送客的误解。在接待客户时，应该点头微笑致礼，主动热情，如有事耽搁接待，要诚恳地表示歉意。

不要对来客有差别待遇。对来客表面上做得非常客气，而过后表示冷漠，是不礼貌的。

019 餐桌上请保持优雅

家庭宴请、商务会餐、朋友请客、业务洽谈，生活和工作中的很多事情都是在餐桌上进行的。餐桌不仅是吃饭的地方，也具有维护感情、增进友谊和人际关系的重要作用。

餐桌礼仪是社交经验的重要方面。与他人同桌共餐，要具备一些餐桌礼仪常识，才使宴饮活动圆满周全，使主客双方的修养得到全面展示。

1.出入酒店礼仪：文明懂礼，遵守规范

酒店不仅是休息的地方，还兼有招待客人、洽谈业务等作用，所以应注意以下礼节：

在走廊或电梯间遇其他人，无论认识与否，都应道一声“你好”。如遇他人首先向自己问候，应当立即应答。对服务人员以礼相待，对各种服务表示感谢。

酒店内不会使用的设备，可向他人或服务员请教。

虽然有专门的服务人员来保持酒店内的整洁，但是私人物品也不要乱丢乱放，吸烟要注意安全，果皮纸屑要扔垃圾桶内，贵重的东西要放好，离开时不要遗忘。

2.出席宴会礼仪：准时赴约，礼貌落座

接受宴会邀请之后，要准时赴约，不要无故延时或缺席，这是不礼貌的。如果有事不能出席宴会，要向对方道歉并说明情况。

到达宴请场所后，要找到入座的桌次并对号入座，不可随意乱坐。如果主人或主宾已经入座，应从座位的左方入座。入座后，坐姿要端正，不可用手托腮或将双臂肘放在桌上，也不要随意翻动菜单，摆弄餐具或餐巾，这些举动都会给人以迫不及待的坏印象。有时坐定以后，服务人员会递上一方湿毛巾，此时应礼貌地接下来并轻轻擦拭自己的双手和嘴角，不可用它擦脸，更不能用它擦颈脖或手臂。

当主人示意用餐可以开始，便可将桌上的餐巾抖开，平摊在自己的双腿上。拿餐巾来擦餐具或酒具的做法是失礼的行为。

开宴之前，可与邻座交谈，不要摆弄碗筷、左顾右盼。等主人、同席年长者招呼以后，才能动筷。

3.进餐礼仪：女人要有文雅的吃相

女人进餐时要讲究吃相文雅，举止得体。保持进餐环境的安静，不能吃得过于急躁。两眼盯着菜只顾自己吃的做法有失礼仪，应该随时照顾别的客人，帮助客人夹菜。

进食时，要小口吃，细嚼慢咽，不要大口地塞，食物未咽下不能再塞入口；不要发出咀嚼声。

汤、菜太热时，不要用嘴去吹，要等稍凉后再吃；喝汤时，也不要发出声音。吃进口的东西不能吐出来；食物带汁不能匆忙送入口，否则汤汁滴在桌布上极为不雅。

取菜舀汤应使用公筷、公匙。取用摆在同桌其他客人面前的调味品，应请邻座客人帮忙传递，不可伸手横越，长驱取物。

席间与邻座交谈时，切忌一边嚼食物，一边与人含含糊糊地说话。在餐桌上，手势、动作幅度不宜过大，更不能用餐具指点别人。自己手上持刀叉，或他人在咀嚼食物时，均应避免跟人说话或敬酒。

饭后切忌用手指剔牙，应用牙签，并以手或手帕遮掩。若要咳嗽、打喷嚏，要将头转向一边，用手帕捂住口鼻。饭后不要伸懒腰、打哈欠，毫无控制地打饱嗝。

遇到主人或在座的客人敬酒，应起立回敬。当别人帮助自己斟酒时，要表示感谢，同样要依据自己的酒量喝酒，不要因饮酒过量导致酒后失态；不善饮酒的可向主人说明，或喝一小口，表示对主人的敬意。无论主人还是客人，都不应强劝别人喝酒。饮酒以及喝其他饮料时，要把嘴抹干净，以免食物残渣留在杯沿，十分不雅。

餐具掉在地上，可向服务员再取一副。不慎将酒、水、汤汁溅到他人衣服上，表示歉意即可，并递上手帕或餐巾。失手打翻了酱碟，应婉言致歉。

宴会结束后，要等主人宣布结束才能离席，同时向主人道谢、告别，如“谢谢您的款待”“您真是太好客了”“菜肴丰盛极了”，并向其他客人告别。如果有事要提前离席，则应向主人及同席的客人致歉。

020 肢体语言为你加分

每个人平时说话都会不知不觉做出某些表情动作。人们说话时变化的目光，或喜或怒的神态，举手投足的动作，经常同所表达的内容密切相关，同时也反映出说话人的修养。

女人在与人交往或谈话时，往往善于用肢体语言来配合语言表达。通过肢体语言能够洞察这个女人的内心世界，辨识性格特征。

1.头部语言

恰当的点头动作会具有说服力。如果聆听者每隔一段时间就向说话人做出点头的动作，就会激发说话人的表达欲望。如果对方对自己点头，自己通常也会向对方回报以点头的动作，即使并不一定同意对方所说的话，也要有礼貌。因此，在建立友善关系、赢得肯定意见与协作态度等方面，点头的动作无疑是绝佳的手段。点头同时微笑，眼睛直视对方，会显得更有亲和力。

2.表情语言

表情语言是内在情感的外部显现，能充分弥补语言表达的不足，有效避免因言语表达的匮乏而带来的误解。比如，女人的爱抚、安慰的眼神会叫人心悦诚服；在做家务时，妻子一个亲昵、温柔的举动，会让丈夫饶有兴趣地来参与；一个善解人意的微笑，能令人心情舒畅，等等。

嘴巴的表情符号反映出人的情绪和心理活动。比如，嘴唇闭拢表示心态宁静、端庄自然；嘴唇半开或全开表示疑问、奇怪、有点惊讶；嘴角上扬表示善意、礼貌、喜悦；嘴角下垂表示痛苦悲伤、无可奈何；噘嘴一般表示生气、不满意；嘴唇紧绷，多半是表示愤怒、对抗或者决心已定；在交谈时，用牙齿咬住嘴唇，说明正用心倾听他人的讲话，也可能是在认真地反省自己，等等。

3.肢体语言

当与对方说话或聆听的时候，上身向前倾，会显得更有诚意，也更容易拉近与对方的距离，赢得对方的好感。所以坐着的时候，靠着椅背不如上身稍向前倾更好一些。所以稍微改变一下坐姿，容易博得对方的好感，给人一种认真、积极的好印象。

4.手势语言

在人际交往中，运用最多的肢体语言就是手势语。比如演讲、谈判、辩论乃至日常交谈，都离不开手势，手势是第二唇舌。

女人无意识地将十指交叉，面带微笑地看着对方，表明发言正处于心平气和、娓娓叙谈的时际。有的将十指交叉放在膝上，也有的站立时将十指交叉放在腹前。

手势下劈给人一种泰山压顶、不容置疑之势，使用这种手势的人，一般都高高在上，高傲自负，喜欢以自我为中心。争论问题时，有人为了证明自己的观点而否定别人的观点，也常用这种手势。

手势上扬代表着赞同、满意或鼓舞、号召的意思，有时候也用来打招呼。演讲或说话时手势上扬，最能体现个人风格，表明演讲者或说话者是个性格开朗、豪放、不拘于形式的人。

攥拳显示的是一种果断、坚决、自信和力量。演讲时攥紧拳头，表明有自信和感召力。

Chapter 3

穿出品位，细节处尽现迷人风采

女人通过服装来体现美感，不是夸张的暴露，不是粗俗的色彩堆砌，更不是毫无章法地表现个性，而是通过精心选择，合理搭配，彰显出完美得体的效果，给人恰到好处的感官享受，可以很好地表现出女人的优雅风范。

021 女人要注重仪表修养

无论是在银幕上还是在生活中，让人着迷的不仅仅是漂亮的女人，而是那些得体优雅，懂礼仪、有教养的女人。仪表之美体现女人的内在品格和素养。每一个女人都希望努力提升自我成为一个优秀的人，成为受人欢迎的人。

1.保持仪表整洁

干净、整洁是个人礼仪的最基本的要求。面容是否洁净，皮肤保养是否得当，看上去是有生气、有光泽，还是灰暗、死气沉沉，都直接关系到他人对你的印象。一个懂得礼仪修养的女人，绝不会不修边幅、蓬头垢面。面容润泽光洁；耳朵、脖子干净；头发整齐亮泽，衬出光洁的面容，才能展现良好的素养和气质。在人的仪表中，手占有重要的位置。一个仪表风度不凡的女人，绝不会长着又黑又长的指甲，而是把长指甲修剪整齐，保持洁净。身体卫生是个人仪表整洁的重要内容之一，应避免口腔异味、身体异味等，经常洗澡，勤换内衣，可以减小或防止身体异味。

2.注意仪表细节

服饰穿戴在任何情况下都应保持干净整齐。注意衣领袖口或其他地方有无污渍。服装应是平整无皱褶的，扣子齐全，不能有开线的地方。内衣外衣都应勤洗勤换，保持洁净状态。此外，对鞋袜要像对衣服一样重视，不能身上漂亮而鞋袜污脏。皮鞋应保持鞋面光亮。

3.讲究仪表风格

女人的仪表风格通常以简约、大方为原则，但可以根据不同性格或不同气质来打造属于个人的风格。如可以是简练明快的风格、朴素典雅的风格，也可以是雍容华贵的风格、清秀可爱的风格。女人要突出端庄、斯文、雅气的特点，而不要显得花哨、轻浮、小气。

在进行仪表仪容修饰、整理时，要自觉回避他人，以示对己对人的尊重。需补妆时，应到洗手间内进行。

022 得体的服饰可以使你魅力出众

得体的服饰可以增加女人的自信心。也许你也有同样的感觉，要到星级饭店赶赴宴会时，总会将自己体面地打扮起来，若是到一般商店、市场购物，则是一套轻便的休闲服为好。其实，并不是每家星级饭店都规定必须西装革履，而是这些饭店的气氛和其他人的穿戴，会使你不得不注意自己的服装仪容。

女人的得体形象是给对方留下好印象的基本要素之一。试想，一个衣冠不整、邋邋遢遢的人和一个装束典雅、整洁利落的人在一起比较，给人的印象和好感会大不一样。

着装艺术不仅给人以好感，同时还直接反映出女人的修养、气质与情操，它往往能在你或你的才华未被认识之前，向别人透露出你是什么样的人，因此在这方面稍下一点功夫，就会事半功倍。

女人穿着得体就会给人以良好的印象，它等于在告诉大家：“她是一个重要的人物，聪明、成功、可靠。大家可以尊敬、仰慕、信赖她。”那么，穿衣到底要讲究什么原则呢？

1.美学原则

美学原则是指以色彩、款式、面料、流行趋势和自身的身体条件相搭配。身体的一些优缺点都可以通过服装的搭配来展示和弥补。如可以利用色彩、条纹、款式等，充分展示自己形体的优点，掩饰身体的缺陷。

2.搭配原则

如果你是一个幼儿园的教师，可以穿得俏皮一点，如果你是一个公共关系职员的话，那么服装应当以严谨、端庄为特征。服装搭配包括上下、内外、季节、色调、款式、衣服与鞋袜等方面的和谐统一。搭配得体，才能给人以舒适感和美感。穿戴一定要注意所处的场合和礼节。不仅仅是为了体现自己的优雅，更是表示对对方的尊重。

3.经济原则

美丽永远是女人追求的一个目标，可是每个人的经济实力并不是一样的。因此，追求美丽应该根据自己的经济实力来确定。盲目跟风和追求时髦并不是一件好事情。服装应该梯次配备，各种档次的服装都有，这样也就能应付各种场合了。

023 品牌对女人意味着什么

世界上没有一个女人会拒绝品牌。如果条件允许的话，那些有钱的女人一定会忍不住将所有的品牌全都买下来。

不可否认，品牌是一种商品身价的标志。它代表一种个性、一种品位、一种潮流。然而，品牌对于女人来说意味着什么？如果一个尼龙包上面没有贴着“Prada”的商标，谁会认为那是一个高级名牌包呢？如果贴上了“Prada”这个代表着名牌的商标，那么情况就大不相同了，即使标签上的价格是普通包的几十倍，也会供不应求。

女人拼命地追求品牌，原因更多地是为了满足自己的需要，但这种需要肯定是别人惊叹的目光。试想，如果一个人生活在孤岛上，会想要拼命地得到品牌吗？

所以，大多数的女人们会拼命地想要得到品牌服饰，只想着用品牌服饰覆盖自己的全身，因为她们觉得只要身上披上了品牌，自身价值就会得到提升。

但是，也有一些女人根本不在乎是否是品牌，她们总是遵循着自己的喜好，坚持着自己的步调，从来不会盲目地跟着流行走，任何衣服穿在她们身上都会显得格外高贵优雅。

约翰·琼斯是一家百货商店的服装销售员，对名牌有着异乎寻常的追求，她浑身上下没有一件衣服不是名牌。虽然她一直享受被人羡慕的快乐，但是，当朋友们得知她那一身名牌的代价是高额的信用卡债务后，纷纷表示无法苟同。

杰瑞丝是某公司的国际贸易部组长，长得非常漂亮，一直都是朋友们的偶像。在人们眼中，她是一个很有品位的女人，大家觉得无论她穿什么衣服，戴什么首饰，拿什么手提包都似乎比别人的漂亮。因为她的生活用品大多数都是去国外出差时购买的，所以在朋友们的眼中，她就是品牌的代名词。但实际上，她的所有物品都不是很贵，大部分都是打折促销商品和廉价的保税商品。为什么杰瑞丝不追求品牌，反而达到高于品牌的效果呢？因为她很了解自己，心里也很清楚就算不用品牌来妆扮，只要自身价值提高了，自己本身就会成为最好的品牌。

所以，服装的品牌很重要，但却不是最重要的。因为女人的魅力主要来源于自身价值，而不是身上的名牌商品。因此，我们要想成为一个具有独特魅力的女人，首先应该提高自身的品牌价值。

024 优雅气质的服装搭配原则

适合是世界上最好的服饰标准。好的服饰标准是要能烘托出你的美和特色，而不是过于突出服饰。假如别人投来的目光不是因为你的整体魅力，而是被抢眼的服饰所吸引，那么这件服饰就不是属于你的服饰。

以下是优雅气质的服装搭配原则：

1.米色的搭配原则

用米色穿出一丝严谨的味道来，也不难。一件浅米色的高领短袖毛衫，配上一条黑色的精致西裤，穿上闪着光泽的黑色的尖头中跟鞋子，将一位职业女性的专业感觉烘托得恰到好处。如果想要一种干练、强势的感觉，那就选择一套黑色条纹的精致西装套裙，配上一款米色的高档手袋，既有主管风范又不失女性优雅。

现如今的时尚中，米色因其简约与富于知性美而成为职场着装的常青色。与白色相比，米色多了几分暖意与典雅，不事夸张；与黑色相比，米色纯洁柔和，不过于凝重。在追求简单抛却繁复的时尚潮流中，米色以其纯净典雅气息与严谨的现代职场氛围相吻合。

要将任何一种颜色穿出最佳效果，都要讲究搭配，米色也不例外。

2.黑色的搭配原则

黑色是个百搭百配的色彩，无论与什么色彩放在一起，都会别有一番风情，和米色搭配也不例外！上衣可以选择黑色的印花T恤，下装换上米色的纯棉含莱卡的及膝A字裙，脚上穿着白地彩色条纹的平底休闲鞋子，整个人看起来格外舒适，还充满着阳光的气息。

3.褐色的搭配原则

褐色与白色搭配，给人一种清纯的感觉。金褐色及膝圆裙与大领衬衫搭配，可体现短裙的魅力，增添优雅气息。选用保守素雅的栗子色面料做外套，配以红色毛衣、红色围巾，鲜明生动。褐色毛衣配褐色格子长裤，可体现雅致和成熟。褐色厚毛衣配褐色棉布裙，通过二者的质感差异，表现出特有个性。

4.蓝色的搭配原则

在所有颜色中，蓝色服装最容易与其他颜色搭配。不管是深蓝色，还是天蓝色，都比较容易搭配，而且蓝色具有显瘦的效果，极富魅力。

5.白色的搭配原则

白色可与任何颜色搭配，但要搭配得巧妙，也需费一番心思。

白色下装配带条纹的淡黄色上衣，是柔和色的最佳组合；下身着象牙白长裤，上身穿淡紫色西装，配以纯白色衬衣，不失为一种成功的配色，可充分显示自我个性；象牙白长裤与淡色休闲衫配穿，也是一种成功的组合；白色褶裙配淡粉红色毛衣，给人以温柔飘逸的感觉。

红白搭配是大胆的结合。上身着白色休闲衫，下身穿红色窄裙，显得热情潇洒。在强烈对比下，白色的分量越重，看起来越柔和。

025 不怕身材不美，就怕衣装不对

张曼玉在电影《青蛇》片中所扮演的青蛇，飘逸的轻纱薄裙，让她更添几份风华绝代以及妖媚之感。造型师吴宝玲说：“如果要讲张曼玉有多漂亮，还蛮难的，她只能算一般，应该只能说她身段很好，所以给她做‘青蛇’造型时我会更多突出她体态上的优势！”明白自己身上的优势，就可以在穿着上扬长避短。要注意什么样的体型，配合什么样的服装，从色彩、款式、纹样、裁剪上都能够起到弥补缺点和突出优势的作用。

1.巧穿衣改变脸型

脸大而圆的女性适宜服装：款式简单、大方的领型，不适宜有花边衣领或过于复杂的衣领。

下身最好着紧身裤或者是紧身裙。肩膀设计需稍宽阔，有垫肩更佳。

脸部过于瘦小的女性，看上去显得与身体其他部位比例不协调，大衣领或领口宽大的衣服是这些人的首选。肩膀部分不宜安垫肩，不能宽大，顺其自然为最好。在色调选择方面，不宜采用淡色系列，应巧妙地配合浓淡部分，否则会使脸部更加显小。

2.巧穿衣增加颈部美感

颈部粗短的女性可简单地利用某些领型和发型来改变颈部的外观。在领型上，一般比较适合U字形或V字形的低领型服装。在衣服前面部分设计纵方向的条纹，这样就会给别人一种拉长和向上的直观感觉，从而掩饰颈部过短的缺陷。

3.巧穿衣让“太平公主”变丰满

小胸女人也可以性感，关键就看你怎么穿了。可以穿一件胸前带有口袋或特别花样的上衣，这样可以增加发散的效果。或者穿一件胸前有褶皱或腰带的上衣，会让胸部看起来比较丰满。

对于上衣的面料而言，选择有纹路的布料或横线条上衣，会让胸部看起来更加丰腴些。布料亮度比较高的衣服，也能使胸部看起来更丰满些。

泳装的款式不妨选择胸线有褶皱的。

有垫肩设计的外套，会使胸部看起来比较挺。较宽版的连身长裙，搭配衬衫或针织衫也是小胸女性的选择。

宽松式的造型以及层叠的蛋糕裙，会忽略别人对胸部的关注，可以掩饰胸部过小的缺陷。

二件式和多层次的穿法可造成视觉上的错觉，制造出丰满的效果。

如果穿舒适而贴身的衣服会显露平胸，在外面搭配背心或小外套，看起来胸部就会显得比较丰满。

4.巧穿衣掩盖粗腰大臀凸小腹

臀部过大的女人穿下摆宽松的衣服并不理想，应穿下摆较紧缩的衣服。如果你腰粗的话，就不要放太多细节在腰间处引人注意。有一个改善办法就是穿质地柔软的连衣裙，可以掩饰腰粗的缺陷。

凸出的小腹永远是一个美丽女性的缺陷，也是穿衣时的一大难题。如果处理不当，便会破坏了一件漂亮服装的所有美感。有凸出小腹的女人适合穿长款上衣，利用它的长度遮住微凸的小腹。最好选择有弹性的面料。复古款式的花衬衫或T恤，配上背心或外套，可以转移别人的视线。A字形的窄裙也有很好的修饰效果。但有一点要尽量避免：不要把衬衫扎到裙或裤腰内，或是穿腹部剪接的打褶时装，这样会使腹部显得更加醒目。

5.巧穿衣，让双腿更修长有型

腿短并且腰比较细、臀围比较宽的女人最适合穿裙子，或者穿可盖住臀围线的长款上衣，而且是不收腰身的。这类人不适合穿直筒裤，这样可以扬长避短。

如果想让腿部变得修长一点，最好穿一些紧身的直脚裤或者及膝裙，还要加一对尖头凉鞋或高跟鞋。

腿粗的女性不太适合穿紧身的裤子，同样不可以穿超短裙。为了掩饰缺陷，最好穿筒裙、长裙或者是喇叭裤。

腿太细的女人不适合穿紧身裙，却比较适合款型挺拔的长裤，因为这样看起来会比较漂亮，比如毛呢长裤。在色彩选择上以偏向明亮、淡雅的色调为宜。

6.巧穿衣让自己更显瘦

准备一件腰身卡得非常合体的上衣，并且确定这件上衣裁剪得非常适合你，这样在束腰带时就会显得雅致大方。一件有型的黑色夹克对于展示你的形体来说至关重要。及臀的上衣和直筒裙搭配能塑造完美的直线；及膝的套头衫和短裙把身体分成三部分，塑造出了更苗条的曲线；穿长裙则会让自己看起来更加苗条；轻质料的针织衣不会对你的身体曲线吹毛求疵；瘦长的裤子加上短款上衣就能很好地制造出腿长的效果。

026 能量色是女人的第三张脸

在五彩缤纷的色彩世界里，不是每一种颜色都适合于每一个人的。有些人的选择范围宽一些，有些人的选择范围窄一些。如何选择适合自己的能量色，要考虑以下因素：

能量色与肤色。冷色系会使苍白的肤色罩上一层阴影，使人显得精神萎靡。稍暖一些的浅红色，可使苍白的面容容光焕发，生机勃勃。青紫色使肤色偏黑的人缺乏生气和光泽。黑黄的皮肤可选用浅色质的混合色，以冲淡与肤色的对比。白里透红是上好的肤色，不宜再用强烈的色系去破坏这种天然色彩，选择素淡的色系，可烘托出天生丽质来。

不同性格的人选择服装时应注意性格与色彩的协调，沉静内向的女人宜选用素净清淡的颜色，以吻合其文静、淡泊的心境；活泼好动的女人，特别是年轻姑娘，宜选择颜色鲜艳或对比强烈的服装，以体现青春的朝气。

有意识地变换一下色彩有扬长避短之效。如性格活泼的女性，可借助蓝色调或茶色调的服饰，增添文静的气质，而性格内向、沉默寡言、不善社交的女性，可穿粉色、浅色调的服装，以增加活泼、亲切的韵味，而明亮度太低的深色服装会加重其沉重与不可亲近之感。

一般来说，不同类型的女人有不同的能量色。主要分为以下几个种类：

1.对于暖色型女人不适合一些传统的色彩

暖色型女人不适合一些传统的色彩，应该选择大红而不是紫红色的服装。如果你的肤色较白，那么选择白色的服装会使你看上去特别漂亮。如果想突出身上的其他部分，那就不要穿黑色的裙子。

2.对于冷色型女人不宜穿棕色、米色、土黄色和奶油色服装

冷色型的女人不宜穿棕色、米色、土黄色和奶油色服装。穿和蓝色相近的服装看起来会更加协调，而用紫红色、淡黄色和玫瑰红来衬托白色服装，也不合时宜。

3.对于明亮型女人宜穿戴深浅颜色相搭配的服装

如以天蓝色为基色与其他相比较灰暗的颜色匹配。单一的较柔和的颜色对于其他人来说可能较合适，产生一种温馨的感觉，但对于这类女人却是最不雅致的。

4.对于深色型女人应配中性或深色的服饰，并用鲜艳的色彩来点缀

深色型女人应配中性或深色的服饰，并用鲜艳的色彩来点缀。像黑色配橄榄绿、天蓝配艳黄色、青绿色配黑色等。不宜穿淡色的服饰，那样会与肤色产生极大的反差，严重影响色彩的协调感，给人一种不健康的印象。

5.对于淡色型女人适合穿中性颜色的服饰，避免穿黑色的服装

淡色型女人给人以一种精神的感觉。对于这种色型的女士，绿色是最佳颜色。适合穿中性颜色的服饰，应避免穿黑色的服装。如果一定要穿诸如海蓝色之类的深色的服装，那就一定要选择柔和一些的淡色相配。如果这类女人天生就喜欢色彩艳丽的服装，那一定要避免不要太招摇了。

027 “露”得恰到好处，女人更妩媚

衣服暴露，并不代表女人的品位不高或者自甘堕落。如果你去酒会或者舞会，穿上了一件保守的职业套装，一定会令人大跌眼镜。有些时候，适当的露一点，再透一点，便是最迷人的风情。

“露”并不是每一个女人都可以随意而为的，“露”需要讲

究年龄和体型。中老年女士以及太胖、太瘦的女士，是不适合盲目“露”的。“露”最重要也最难把握的是一个度，“露”的尺度并不是别人决定的，而是由个人的身体条件决定的。如果腿太短、太粗、太细，甚至罗圈腿，就不要穿短裤、短裙；肩部太宽、太厚，或者背部皮肤不好的，就别穿露背的衣服。低胸装是露多露少一项很关键的评判标准，可要没个健美的胸部，最好还是不露的好。胸部平坦的女性，绝不要把领口开得很低。

如何“露”得恰到好处，“怎么露”才能体现出女人的品位与修养，实在是一门微妙的艺术。若你有漂亮的肚脐、小蛮腰、骨感的肩膊、细长的后颈，那便不妨让它们露两露。

1.露肩着装

露肩分单露和双露，露单肩比较风情，露双肩比较性感。

但是，露肩是否性感，与女人的锁骨及臂膀的胖瘦有很大关系。骨感美虽然漂亮，但难以激发男人的欲念；丰满当然不错，但如果有些松弛，怎么看都太过肉感。所以，只有肌肤结实紧绷，质感滑爽光泽，曲线饱满优美，能够从脖颈一路溜滑到指尖的肩，才是真正性感并且值得露出来的香肩美女。

2.露背着装

露背不太容易，因为拥有光滑性感后背的女人并不多见。通常来讲，稍有些斑点瑕疵的已经没有资格再去露背，因为后背面积太大，只要稍有问题，别人一览无余后难免就会扫兴。所以除非后背天生丽质，否则还是点到为止，只在后脖颈下方最娇嫩白皙的地方开一扇小窗，其余的就让别人去想象好了。

3.低胸着装

低胸款式的衣服能够最大限度地展现女人的性感，如果再穿戴没有肩带的抹胸，内衬一个优质的衬垫，就能令乳峰更加坚挺高耸，也更能使美丽的乳沟加倍神秘。如果低胸低到了乳际线，而且低领上还镶了粉色系的蕾丝花边，那就把女人的性感魅力发挥得淋漓尽致了。

4.露腿着装

修长的美腿穿迷你裙或短裤，无疑是性感的绝配，但有三点要注意：

确认你的腿看起来非常光泽柔滑，肤色非常健康。

不穿袜子，光脚穿高跟鞋，这样不但保证肌肤温润性感，也使腿看上去更修长匀称。

无论是穿超短裙或短裤，都不要翻边，也不要贴袋，色彩不能太鲜艳，质地应该很柔软，这样既合身又舒服，才能穿出青春活泼的魅力。

露腿装只适合青春妙龄的女孩，年纪稍大些的女人，最好不要穿成这样子。

5.露脐着装

女人的肚脐最性感，看起来玲珑精巧。露脐展示的是青春活泼，它与穿低腰裤露股沟同样可爱，前者炫耀的是曲线毕露的小蛮腰，后者显摆的是曲线玲珑的翘屁股。只是一旦过了这个年龄，就最好不要选择露脐装了。

028 好内衣突出你的曲线美

一身漂亮的、质地良好的内衣可以完美地体现女人的迷人身材。怎样穿出内衣的性感美，一个最关键的要点是一定要根据自己的胸型特点去选择穿戴。

胸部扁平、扩散所造成的外溢是有很多种原因的，除生理因素之外，有些是因为长时间不穿胸罩，从而形成胸部外溢；或是因为不知如何选择合适的尺寸，胸罩尺寸太小，包容不住你的胸部，把你本来漂亮的胸部给弄得扁平；也有些女性是因为款型没有选好，致使胸部无法集中，造成扩散。因此，以上情况的女性可选用集中型的文胸，也就是3／4罩杯的文胸，它能使你的胸部集中，衬托出挺拔的曲线。

胸部下垂者往往是因为胸部较高，但乳房肌肉松弛，不穿戴文胸，时间久了就产生胸部下垂。此种类型的女性最宜选择全罩杯文胸，因为全罩杯文胸有能力将你的下垂胸部衬托起来。要想恢复胸部原有的健美，首先你要选择比平时大一号的文胸，并尽量使用钢圈和侧部有加强功能的文胸使之加强由下往上的支撑力。

胸部娇小可以用功能文胸来进行弥补，不要认为自己的胸部太小，是否可以不穿文胸或着穿较紧的文胸，要知道，不穿文胸的后果将是“平板”，太小的文胸会限制胸部的发育，应穿戴略大一点的文胸，让胸部血液流通，加强它的活动空间让它可以健康发育。针对娇小型胸部的女性，可选择有按摩型、有促进血液循环的无纺布文胸，它们对健胸都有一定的作用，另外还可选择定型罩杯文胸，它们都比较适合娇小胸部的女性。

胸部丰满的女士最好穿黑色或白色系（乳白、牙白、漂白、灰白等）的内衣。中性色或各种加灰色系，都会减弱丰满女士的光彩。同时，黑或白色的内衣，与各色外装搭配都比较容易配色。轻、薄、丝质面料的内衣，适合丰满女士。文胸最好选深罩杯和3/4、4/4型，宽肩带，加土台，加钢丝托，有利于丰胸的造型。1/2罩杯往往承托不住丰满的乳房，很容易出现乳房上溢，使胸部松松垮垮。

选择合适的胸罩时，除了要选对罩杯，还要注意肩带的宽度是否能符合所托的重量，使乳房提升到合适的位置，并要注意把乳房全部圆满地填入罩杯内。

029 出门带上包，女人最出挑

爱美女性都有包包情结，一个合适的时尚包包，就像是画龙点睛的一笔，会突出女人的不同气质和风格，给生活增添一份随意，一份潇洒，一份自在。

1.包包的搭配：重在展现魅力、张扬个性

包包的色彩搭配：包包、饰品和服装三者在色彩上应是和谐统一的。整体同色系却层次深浅分明的搭配，可营造大方典雅的气质。比如，穿银灰、奶白或白底套装等浅色服装，适宜搭配白、黄、棕色包包，不宜用黑色包；穿大红、绿色或花色条纹等亮丽色彩的服装，适宜搭配黑色包包；穿黑、蓝、咖啡色或黑底套装等深色服装，适宜搭配棕色、灰白包包。黑色洋装搭配艳红包包与鞋子，是令人眼前一亮的个性搭配；而花色包包给人整体感觉活泼却不失优雅格调。

包包的季节搭配：夏季包包应选择小巧淡雅的，显得轻松利落；冬季包包可以选择艳丽明快的风格，给厚重的外形增添活跃感。

包包的风格搭配：休闲运动风格的女性，选择尼龙、厚帆布、牛仔等较“硬”面料的包包，可以表现出潇洒、自由的个性。而可爱而温文尔雅的女性，用一个精美柔软面料的蕾丝包搭配公主裙，尽显甜美气质。

包包的场合搭配：出入正式场合应用高档的皮包，可以显示个人的身份；而日常出门可用休闲款式的包包，展现自己的个性。出入豪华餐厅或出席高档宴会，一个高贵复古的鳄鱼皮手包会成为众人的焦点。而如果是带宝宝出门的时尚妈妈，宽大多袋的彩色尼龙包包不仅可以装得下奶瓶、纸巾、食品等必备物品，也显得美观而实用。

2.包包的携带方式：带包的姿态影响着整体美

包包的大小要与身材比例相统一。身材高挑修长的女性，可选择宽大的、长大于宽的包包，简约而时尚；身材偏矮偏胖的女性，应选择小巧型、宽大于长的包包，才不会显得累赘。

通常情况下，长背带的斜挎包比较随意，也方便携带，但要注意背带不宜过长、过细，超过臀部以下会显得沉重拖沓。小型单肩带包，可稍用腋下固定包包，避免袋身前后甩动或者背带从肩上滑落。拎包应挽在手臂，无带的手包或手袋、小巧的零钱包，可以拿在手中，而不宜夹在腋下。

3.包包的选购：实用性的百搭包还是个性化的装饰包

最流行的并不一定是最适合自己的，或许最新款的荧光色包会让人有眼前一亮的感觉，甚至产生立刻想拥有它的冲动；但在实用性上比较来说，也许大众化的漆皮挎包或拎包会派上更多的用场。

虽然颜色鲜艳的包包较为抢眼，但就实用价值而言，咖啡色和黑色是较受一般人欢迎的，也可选择较小的黑色皮包，适宜不同场合使用。

所以，在选购包包时，要根据个人所需来选择，而不是盲目地追赶潮流。如果只注重实用性，那么在任何场合、搭配任何服装都毫不逊色的“百搭包”应该为首选。

选购包包时，先看质量再看款式。要仔细检查包包的表面和夹层是否有未缝合的地方，背带的连接处是否坚固；如有金属配饰，一定要了解材质是否容易褪色，拉链和纽扣的功能是否完善等，这些都是不可忽略的步骤。在选购包包时，还要注意包包的容量、耐用功能和内里设计是否易于找寻物件等。

030 饰品点缀为你的优雅加分

讲究穿着的女性皆注重服饰的各种细节，尤其是各种“小件”的搭配。和谐得体的饰品搭配，不但能点缀衣服，更可突出女人的整体形象和个性特征。

耳环衬托美丽是一个很好的选择。耳环要与发型、颈部、脸型、肤色等相协调。颈短最适合搭配花朵图案的圆形耳环。颈长、发长的女士最适合戴长链形耳环，会给人柔和婀娜的感觉。

有发辫的女士，适合悬垂镶钻石耳环，这样会令你更加神气。短发而脸圆的女士，适合戴鹅卵形或者是长菱形的耳环。梳发髻或将头发盘于脑后时适合白色或有色彩的大型耳环，这样会让你的耳环比较醒目。留短发的女士，比较适合白色月牙形耳环。

戒指是首饰中最普遍的一种，选择的依据是自己的肤色或者是喜好。如年轻人可选银白色，以显素雅；年长者可选金色或其他颜色，以显富贵。另外，选择戒指还应该配合手指形状。如果手指短，则适合戴小戒指，如果上面有钻石一类的镶嵌物，也应该比较小。手指纤长的人，比较适合佩戴阔环或镶大钻石的戒指。

手镯或手链很深得女性的欢心。应根据自己的年龄肤色和爱好来进行选择，这样才能让自己的美丽达到最大限度的绽放。

成年女士比较适合金手镯、嵌玉手镯，以及上面饰有图案等的比较华贵富丽的手镯。

无论是成年人还是年轻人都适合玉镯，玉镯让人看起来十分柔情。

镶有珠宝，轻巧、新颖又精致的手链，更是能将你的时尚感表现得淋漓尽致。

穿着旗袍或传统服装时，佩戴翡翠、玉石手镯，不失端庄与典雅。

穿着裘皮大衣时，佩戴纯金手链或者嵌宝石的金手链，会让你表现得更加雍容华贵、气度不凡。

胸针是很特别的配饰，它代表着你将出席的场合，因此，胸针的佩戴是有法则讲究的。

最传统的扣法是将胸针扣在外套的翻领上。还有在外套的口袋或者是牛仔裤的口袋上扣上胸针也会令人耳目一新。在佩戴胸针的时候有一点是要注意的：在穿正装时，应该选择大一些的胸针，材料也要好一些的，色彩要纯正。穿衬衫或薄羊毛衫时，可以佩戴款式新颖别致、小巧玲珑的胸针。

031 一双美鞋，足下生辉

鞋子影响着外表的整体美观，甚至是判断一个人的品位和身份的标志。看一个人是否有审美品位，往往不是从名表、手袋开始的，而是脚上的鞋子。

1.鞋子的搭配

除了特意搭配某些衣服的鞋子需要特别的颜色，一般情况下还是以黑色、白色、红色和棕色等最为常见。

黑色的鞋子一年四季都适宜，无论是黑色的皮鞋、靴子还是凉鞋，都不失时尚。

驼色的鞋子在秋冬和春夏都有不俗的表现，根据不同的搭配可以塑造出摩登、干练、文静的气质。驼色长靴可以展现女人的迷人风采。

亮丽的大红高跟鞋看上去似乎非常醒目，比较深受女人们的欢迎。红色的出挑可以大大增加漂亮指数。红色的尖头短靴或露趾高跟凉鞋，是冬夏季节最时髦的点缀，无论与牛仔裤搭配还是花色裙装，都比较合适。

金色的高跟鞋是晚宴等奢华场合不可或缺的点睛之笔，搭配黑色、红色等基本色衣着都很惹人注目。

鞋子的造型应简洁大方，装饰物不宜过多、色彩不宜纷杂。

轻柔飘逸的裙衫，搭配造型粗犷的皮鞋会感觉笨重；身穿端庄的西服，搭配金银色调的高跟舞鞋，会使人感到不伦不类。

2.鞋子的舒适性最重要

一双好鞋应该是既舒适又美观的，一双不舒服的鞋，如果改变行走姿态，破坏形体美，就应当弃之。好鞋子的标准应该是，质量上乘，比例协调，整洁无破损，无异味，穿着舒适轻便。冬天的棉鞋保暖性、透气性要好；夏天穿的凉鞋要结实耐穿，透气性强。

太紧太窄的鞋子，容易损伤皮肤，影响脚部美观。舒服轻巧的鞋子才会令你足下生风。

鞋子不可太重，笨重的鞋子会使细瘦的腿显得更细、粗壮的腿显得更粗。

鞋跟的高度要适中，要既不影响行动，步履轻盈，又能使个子显得高挑。当然过高的鞋跟是不足取的。

挑选鞋子一定不要过大或过小。鞋子合脚不但走起路来舒适，而且对腿部的肌肉与足弓的发育有益。鞋子过大行走拖沓不便，容易疲劳；过小则会压迫神经血管，使脚趾发麻，抑制脚的发育。买鞋时最好在最长的脚趾与鞋尖之间留下约2.5厘米的空间。不要单纯靠鞋号码来买鞋。因为同号的鞋在不同款式中大小可能也不一样。

鞋子要配合自己的脚形。宽脚背的适合穿有搭扣的鞋；脚踝细小的不宜穿绑带鞋；狭长形脚适宜圆头鞋。

3.备用一双“专用鞋”

喜欢运动的女性，可以专门选择轻便耐用的运动鞋。如高帮皮面的篮球鞋，可以在打篮球时保护脚踝。网球鞋有防侧滑功能，可在运动中预防脚部扭伤。

喜欢旅游或常走路的女性，应准备一双轻便防滑功能强的旅游鞋。可以缓解长途跋涉、登山等带来的疲劳。

喜欢跳舞的女性，可准备一双柔软跟脚的舞鞋，以衬托柔美的体态。

冬季或夏季在雨雪天气里，还应该有一双保暖的雪地靴和防水雨靴。

032 丝袜展现女人无尽风情

女人的衣柜里肯定少不了几双丝袜。夏天，丝袜给女人带来无尽的风情。即使是冬天，女人也对丝袜依依不舍，展示着自己秀美的身材。

丝袜的穿法也十分讲究。在正式场合，应穿长筒丝袜或裤袜，白天可穿肉色或浅色的，晚间活动可稍深；不宜穿短袜，更不宜将内穿棉毛裤显露出来。皮鞋的颜色、款式应与衣服、手包相搭配。一般的，鞋的颜色应与衣服的下摆一致或更深一些。衣服从下摆开始到鞋的颜色一致，可以使大多数人显得高一些。里根总统夫人访华时，曾经挑选面料做旗袍。她先看中一种金色的织锦缎，但考虑到没有带金色的皮鞋与之搭配，便改选一种以深红色为底色的中国织锦缎旗袍。在里根总统的告别招待会上，她穿上这件深红底色的中国织锦缎旗袍，配上一双深色的高跟鞋，显得特别雍容华贵。

袜子的穿着也是重要一环。在礼仪场合，绝不能赤足穿鞋。正式或半正式场合，男性应着颜色素净的中长筒袜子，这样可避免坐下谈话时露出皮肤或浓重的腿毛。袜子颜色以纯深色最好，带条纹、方格图案，但图案又不显眼的也可以，色调应比裤子深一些，以使它在裤子和鞋之间呈现一种过渡色。女性着肉色长筒丝袜，配长裙、旗袍最为得体。浅肉色可以使皮肤罩上一层光泽，显得细腻娇嫩，深肉色可以给人以一种修长健美的感觉。长筒袜的长度一定要高于裙子下部边缘，且留有较大余地；否则，一走动就露出一截腿来，极为不雅。

在正式场合着裙装，不穿袜子也是不礼貌的。应当在办公室或工作场所预备好一两双袜子，以备袜子钩破时换用，而且外出工作时最好带几双袜子备用，当出入餐厅小间或做客时，要脱去鞋子换上拖鞋。此时，若袜子有破洞或不整洁，就会很尴尬。

033 香水是女人的隐形华服

优雅的女人都善用香水，她们会在步履穿梭间轻洒幽香，以此诱发人无穷的幻想。香水的个性与自我的气质浑然一体或相互补充，从而体现出独特的个人魅力，这是使用香水的最高境界。

1.根据自己的性格来选择适合自己的香型

坚强外向型的女性心态总是保持平衡，很少忧郁失望。适合香型：檀香、花香及水果香。

智慧型的女性聪明理智，性格倔强突出。适用香型：东方香型。

坚强内向型的女性追求情感上的平衡，既不活跃又不文静，为人处世谨小慎微。适用香型：树木、乙醛、东方香型。

活泼可爱型的女性爽朗，不拘小节。适用香型：曼陀罗花、兰香、柑橘甜香等花香型。

纯情明朗型的女性喜欢简洁明朗，不爱华丽，有着如诗般的纯洁情怀。适用香型：清新的水果香型。

多情善变型的女性是矛盾的最佳诠释。适用香型：丁香、檀香、玫瑰香。

使用香水，应该根据年龄来调整浓度和香型。通常情况下，年轻女子应使用清新、清爽、浓度低的淡香型香水，显得清新时尚；中年女性可以增加香水的浓度和适应的香型，以适合成熟的气韵。典雅馥郁的香水味让人显得庄重、雍容，适合成熟或年龄较长的女性。

在一些特定的场合，不要使用味道过浓的香水。比如，去医院探病或就诊时，用淡香水比较好，以免影响医生和病人；参加严肃会议，千万不要用香味浓烈的香水；在工作间，切忌使用个性强烈的香水；在宴会上，香水涂抹在腰部以下是基本的礼貌，因为过浓的香水会影响食物的味道，可能减低宾客的食欲。在车厢、剧院或者人群密集的聚会场所，不宜使用味道浓烈的香水。

2.明确香型定位，选购香水

香水的选购可以参考以下几条建议：

尽可能买品质好的香水。使用香水的目的是体现自身品位和愉悦性情，因此，要在自己的消费能力许可的情况下，购买最有品质的香水。宁可多花钱买一瓶最好的香水，也不要买劣质的香水。

购买香水时，事先准备几块小手帕或几块丝绒布，用来试洒香水，这样便于在当场无法决定时，回家后还可以再仔细判断哪一种香味适合你。

买香水时要穿上最喜欢、最得体的衣服，便于有经验的香水专柜小姐根据你的形象、气质来推荐适合你的香水。

不要过多地试闻不同类型的香水，这样容易使鼻子产生疲劳感，一次最多只能试闻5种香水。

同一牌子的香水，如果香精的含量不同，香味也会不同，因此都要试一试。浓香水含有的香精量最高，虽然价格比较贵，但使用时只要少量即可，并且香味持久，可以选择使用。

Chapter 4

妆点容颜，走到哪儿都是女主角

女人为了保持青春的活力，拥有优雅的气质，所有的保养和修饰都是必要的，为了让优雅的形象保持更长久，所有的付出也都是值得的。每天精心地化个彩妆，做足容貌的保养，给肌肤多一点关爱，让自信和优雅完美绽放。

034 女人就是要容颜美

人与人交往，最初的印象非常重要，心理学上称为“首因效应”，这是说人与人第一次见面形成的第一印象，对日后的交往起着至关重要的作用，这种“首因效应”在整个交往中的作用力达75%以上。

女人初次交往给人的视觉印象美不美，直接影响到对她的评价。这是因为人们在潜意识中，通常容易受到自少儿时期逐渐形成的观念的影响。那些童话故事中的天使和美女都是美好和善良的化身，巫婆和丑女都等同于丑恶和邪恶，这些观念在社会生活中常常影响着人们对女人善恶和好坏的评价，这就是原初的审美记忆产生的“触媒效应”。

增强容貌的美感，总体来说应注意两个方面的问题：一是长期地坚持肌肤养护，让自己容貌达到最好的生理状态；二是即时利用化妆修饰等方法，让容貌得以最佳表现。具体一点说，你要长期坚持诸如防晒、运动、保健、营养、肌肤护养等事项，让皮肤尽量少一些皱纹、斑点，多一点弹性和光泽，当出席你看重的场合时，用一点高品质的粉底霜和适宜的口红，你与同龄人容貌方面的优势和风采就显示出来了。

不少女人不修饰容貌，甚至在重要场合也不修饰容貌，这是对容貌的重要性认识不足，否则最低限度也会做点什么，如涂一点口红、修一修眉毛等，方法差一点不要紧，至少表明你知道这是重要的。

女人的容貌是会变的，这倒不是常说的年老色衰的变化，这种变化排除时间因素也会向好坏两个方面变化。某大学的知名教授说过：“女人的长相是会变的，长得不好不要紧，有些人会变好，有些长得好的人也会变丑。”

化妆只是保持美丽容貌的一种手段，它能改变的事实很少。深一层的化妆是改变体质，让女人改变生活方式，睡眠充足比化妆有效得多；再深一层的化妆是改变气质，多读书、多欣赏艺术、多思考，对生活乐观、对生命有信心、心地善良、关心别人、自爱而有尊严，这样的女人就是不化妆也让人乐于亲近。

一般来说，30岁是女人容貌的分界线，容貌是父母给的，多由遗传因素和客观环境决定，30岁以后的容貌，则是教养、个性、阅历、人生观等方面的复合体。

因此，应该说30岁以后，女人的容貌是后天保养出来的，而这其中包含了营养、调养、修养三个层次的内容，体现为内养和外养两个方面。

内养是指学识、阅历、见识、品行、世界观等，这些“养分”是源泉，透过一根根血脉、一条条经络浸润着你的容貌；外养是美容、护肤、饮食、养生、化妆等一些外在的方式。

只有把内养外养结合起来的女人，才会散发出迷人的风情、风韵和品位。

035 拥有好面子，从会洗脸做起

在日常生活中，要想让自己的面部得到更好的保养，最基础的工作就是洁面。影响面子的各类问题，通过正确的洗面方法是可以得到改善和解决的。

1.选对洁面用品最重要

皮肤的状态每天都在变化，清洁用品应根据当天的皮肤状态选择使用。

对于洗面品，人们很容易有自己的偏好。有人喜欢用洗面油，有人喜欢用乳液型，有人会根据牌子的不同做选择。但究竟选择哪一款洗面用品才能真正彻底地让面部肌肤得到清洁，选对真正适合自己的洁面用品最重要。

泡沫洁面用品中通常含有表面活性剂，且碱性成分较多，清洁能力较强，适用于偏油性肌肤，或者为混合性肌肤的“三角区”部位进行特殊的局部清洁。干性或中性肌肤、天气干燥时过多使用泡沫洁面用品，往往会使皮肤变得更加干燥、紧绷，有时还会伴有轻痒、脱皮等现象。有些护肤泥、洁肤乳液也有洁肤功效，而且比起泡沫型洁面用品相对保湿效果较好。

所用的洗面奶，洗净力不应太强，洗净力太强会将油脂带走。而判别洗净力的强弱，可以洗脸后的感觉为主，若洗完脸后变得皮肤紧绷，整天都很干燥，甚至会脱皮，就是洗净力太强，不适宜使用。洗完脸后较舒服，并没有紧绷或是油腻的感觉，说明是适合自己使用的洁面品。

除了洗面奶、洁面乳，洁面皂配合洁面扑的使用，会使清洁效果更佳。选择橄榄油、葵花油等天然植物油制成的洁面皂，保湿效果非常好。植物洁面皂，营造干净清澈的肌肤与明亮无油光的肤色。不含皂碱的温和洁面皂，适合混合性至油性肌肤。含金盏花与热带树脂精华的无皂碱配方，植物洁面皂能帮助净化肌肤，但又不会像普通肥皂那样破坏天然皮脂膜。相比普通洗面乳，药用配方的洁面皂更能对抗问题肌肤。如果再配合柔软质地的洁面扑或洁面刷，会令清洁效果更加完美。

敏感肌肤洁面应避免含刺激成分的洁面用品。有三类洁面产品刺激性较强：含有水杨酸、果酸成分的洁面产品，碱性比较大的皂类，还有酸碱度不合适、清洁效力比较强的洗面奶。如果是敏感肤质，应避免使用。

2.洗脸方式很关键

首先，用温水湿润脸部。洗脸用的水温非常重要。有的人直接用冷水洗脸；有的人认为自己是油性皮肤，要用很热的水才能把脸上的油垢洗净。其实这些都是错误的观点，正确的方法是用温水，这样既能保证毛孔充分张开，又不会使皮肤的天然保湿油分过分丢失。

无论用什么样的洁面乳，量都不宜过多，面积有硬币大小即可。在向脸上涂抹之前，一定要先把洁面乳在手心充分打起泡沫，这是最重要的。因为，如果洁面乳不充分起沫，不但达不到清洁效果，还会残留在毛孔内引起青春痘。把泡沫涂在脸上以后要轻轻打圈按摩，不要太用力，以免产生皱纹。大概按摩15下左右，让泡沫遍及整个面部。用洁面乳按摩完后，就可以清洗了。有一些女性怕洗不干净，用毛巾用力地擦洗，这样做对娇嫩的皮肤非常不好。应该用湿润的毛巾轻轻在脸上按，反复几次后就能清除掉洁面乳，又不伤害皮肤。最后，用冷水撩洗面部，同时用蘸了凉水的毛巾轻敷脸部。这样做可以使毛孔收紧，同时促进面部血液循环。

3.洗脸时间不宜过长

很多人以为洗脸时间越长越干净，其实并不是这样，洗脸时间过长，反而会把揉出来的污垢又揉进皮肤。而且洗脸时间太长，会造成过度的清洁，清洁掉脸部必要的皮脂，脸部反而更干。使用洗面奶的时候，一般让产品停留在脸部40秒左右即可，整个洗脸的过程控制在3~5分钟为宜。

036 展示丝丝秀发，优雅每一瞬间

头发和皮肤一样，也是需要悉心呵护的，尤其是已经受损了的发质，更需要精心养护，才能让自己从头到脚优雅到无懈可击。

1.根据脸型、气质选择发型

发型的选择，还需根据个人发质。发质硬且比较多的头发，不宜剪短发，头发宜中长度，正面、侧面做缘边式修剪，给人以摇曳轻松之感，也可以烫成卷发，增加柔和感。天然卷曲而有些凌乱的发质，剪短发时，应采取适当的修剪角度，使头发平滑自然。

体型也会影响发型。高瘦的身型，不宜盘发，比较适宜披散长发，尽量不要削薄。小巧身材者，不宜蓄长发，发型应以精致、秀气为主。身材高大的女士，发型上应以简洁大方为主，不要太蓬松。体态矮小偏胖的女性，尽量留短发，露出脖子为佳。

2.头发的日常打理和养护

作为一个优雅的女性，不论留着什么样的发型，打理头发时，

干净清爽都是第一步。无论是长发还是短发，至少6到8周就得修理一次。然后选择正确的洗发水。

护发也是一项非常重要的环节。润发精华素可以为秀发提供日常的滋养和保湿，显著提高头发质量，使头发爽滑柔顺，易于梳理。

平时梳头是一个重要的环节，要经常梳头头皮才会健康，头发也更爱生长。梳头时要先从发尾开始梳起，逐渐往上梳，缓缓把打结的地方梳通后，才可以从头梳到尾。

3.呵护受损头发，保持自然健康有光泽

头发很多分叉，便不够优雅。头发分叉主要是发质缺乏油脂和营养，或者护理失当所致。预防头发分叉，应在每次吹风前先把头发润湿，少让干燥的头发轻扬在风里，尽管那样看起来很漂亮。

头发干枯，可以多吃大豆、黑芝麻、玉米等食品。多吃含碱性物质的新鲜蔬菜和水果。脱发及头发变黄的因素之一，是由于血液中有酸性毒素，原因是体力和精神过度疲劳，长期过食纯糖类和脂肪类食物，使体内代谢过程中产生酸毒素。肝类、肉类、洋葱等食品中的酸性物质容易引起血中酸毒素过多，所以要少吃。

4.烫染发漂亮，但要精心护理

过度的染发、烫发无益头皮的健康，头皮健康研究中心专家建议爱美的人士，为了头皮乃至头发的健康，半年染发一定不要超过一次。频繁地烫发和漂染，会对头发造成损害以至脱落。

037 明眸善睐，美目盼兮

眼睛是心灵的窗户，明眸善睐的美丽女子最容易吸引异性的目光。一张平凡的脸，只要加上一双熠熠生辉的眼睛，立时会神采飞扬。明眸善睐谁都希望拥有，可事实是并不是谁都能拥有，原因就是很多女人并不知道怎么样才能养出一双美瞳。

1.甩掉眼尾可恶的细纹

美丽的容貌除了不能有“熊猫眼”之外，同样也不能让细纹占据脸庞，特别是眼尾纹，它总是在不知不觉中透露你的年龄。那么到底要如何才能让眼尾细纹消失呢？最常用的方法就是搽眼霜和敷眼膜。

虽然很多人经常用这种方式来去除眼纹，可是很多人并不知道正确的涂抹方式是怎么样的。台湾“美容大王”大S教你一招：下眼皮用中指指腹慢慢地往外推，不能往内，要轻轻地，千万别太用力，否则会使眼皮变形；上眼皮则是从眼尾推向眼头。简单来说，就像以眼头为起点，逆时针绕一个圆圈。

还有一种方法就是冷水洗脸，无论天气多冷都要坚持，这样做有两个好处，除了减少眼角的细纹之外，还会让皮肤看起来比较白。除了这些之外，还有一个就是远离阳光，因为紫外线不仅让你的皮肤受到伤害，还会让你的皮肤长小细纹。

2.脸上不要挂着黑眼圈

可恶的黑眼圈很多时候并不知道是由什么引起的，一般来说，鼻子过敏的人、睡眠质量不好、失眠或常常熬夜的人，都会出现烦人的黑眼圈。

解决黑眼圈最好的方法是睡美容觉。据美容专家介绍，美容觉的黄金时间是晚上11点到第二天的凌晨3点。如果你真的想让你的“熊猫眼”彻底消失，那么你就保证睡眠充足，很多时候眼袋也会自动消失。

敷眼膜、搽眼霜也是一种好方法，同样能改善黑眼圈。

3.快速消除眼睛浮肿

一觉醒来发现眼睛浮肿，原因有好几个，比如说睡觉前喝水太多，或者是比较疲劳，眼睛都可能会肿成金鱼眼。喝黑咖啡，脸部的肿很快就会消失，效果非常好，不过黑咖啡对胃并不是很好，并不建议这么去做。最好的方法就是睡觉前少喝水，多多休息。

4.精心呵护，眼神如话

平日里就一定要注意呵护眼部的皮肤，尤其是女性过了23岁以后，就要坚持使用眼霜等眼部护理产品，选择适合自己皮肤特征的产品。冬季时，应该使用滋润、保湿功能好的眼霜，并在睡觉前涂抹。

038 呵护美颈，像白天鹅般高贵优雅

脖子优美挺拔的女人，给人一种自信和贵气的美。美丽的脖子应该是圆润、白皙、光滑的，触之如丝绒，切忌有非常明显的颈纹。不少女人长有天生的颈纹，起初较浅，只有一两条，随着年龄的增长，颈部皮肤会松弛，颈纹会越来越明显，还会增加至三四条，甚至更多。

颈纹深、多容易显老态。与面部相比，颈部的皮肤更加细薄脆弱，皮脂腺和汗腺的分布数量只有脸部皮肤的1/3。皮脂分泌较少，保持水分的能力弱，容易干燥老化，加之颈部经常处于活动状态，更使颈部肌肤容易出现松弛和皱纹。所以有人说："数一数女人颈部的皱纹，就知道她衰老的程度。"如不尽早保养，容易导致人未老颈先衰。

女人的脖子是一个非常性感的部位。男人喜欢伏下身亲吻女人耳旁的脸颊，也通常会站立搂抱女人。在亲吻双颊耳鬓时，贴近

脖子的感觉是很惬意的。连接脖子的耳垂部，是女人的腺体较为发达的部位，常常散发着女人独有的体味，女人身体的气息往往特别能够深深地诱惑和吸引男人。懂得情调的女人喜欢在这里点一滴香水，让气味更加迷人。

颈部之美对于女性极其重要。颈部护养要提早开始，尤其是已过25岁的女性，更要有针对性地对颈部进行护理，千万不能等到老化松弛、皱纹重重，甚至沉积了许多脂肪之后才开始。

多做颈部旋转、拉伸运动。长期坚持做颈部运动，不但有助于塑造颈部曲线，还可避免因下巴皮肤松弛、脂肪沉积而形成双下巴，令颈部皮肤富有弹性，而且可缓冲颈部肌肉与皮肤的疲劳感。颈部运动可以在富有节奏感的音乐声中进行，方法为：将头交替前俯和后仰；分别向左和右侧摆动；从左至右旋转，再反方向从右至左旋转；用头部画大圈带动脖颈全方位转动。

039 装点背部，让男人如痴如醉

女人行走在大街小巷，引人注目、让人频频回眸大胆欣赏，绝不仅仅是她的正面，也包括她动人的背影。背影透露出女人无数的信息，往往令人生出许多遐想和美妙的感觉。有时候，男人压根儿没有见到你的脸，却会为你麻花辫子上飘飘的蝴蝶结而心动，为你筒裙上那排纽扣摇曳多姿的游动而心驰神往，为你旗袍开叉处的一个小饰品随款款的脚步摆动而心向往之……一个成熟群落中的男人间有一个不算秘密的秘密：女人最撩人处之一，就是从她背后所看到的两个“X”处，一个在肩颈部，另一个在细腰部。

女人背后的风景无限美妙，只要用心，女人完全可以让自己的背影一显妩媚。比如，晚上外出时，尤其是穿晚礼服时，记得系上条长丝巾。当你从人流中飘然而过，你的背影绝对会给人一种朦胧浪漫之感，且使人感觉到特别富有女人味。时下流行的大方巾，图案别致浪漫，披系在颈、背部，那份含蓄而优雅的美实在令人回味无穷。通常的做法是把丝巾展开，让它裹住肩和背及上臂，拉紧后把多余部分放至腰部固定住。

装点背部，也可在裙装的后腰部缀一些新奇又好看的小饰物，如玻璃珠、骨头饰品及各种仿古饰品。用这些小饰物点缀腰间，可以凸显时尚的味道。因为它们能把女性的纤细演绎成玲珑、娇柔而富有灵气的美感。

装点背影途径有许多，但无论采取何种方式，都要善用女人的种种仪态美，在款款而行时去把握和演绎。俏肩微耸、腰肢稍作摆动、步态轻盈如猫……要记住，这些可都是要诀。

女人的背影在男人眼中能够引起怎样的联想？很多浪漫的男人大多有过为了一个女人的背影追上几条街的经历。其实，打动男人的正是她的背影带来的优雅美。

每一个女人都有一种气场，女人背部散发的魅力是人体独有的，它给男人感受和影响最多的不只是感观的冲击，更是心灵上的一种震撼。

040 青葱玉手，曼妙多姿

手是女人美丽的重要组成部分。青葱玉手，是女性美丽的标志。一双修长、细腻、红润的纤纤玉手，不仅给人以纤柔、灵巧之感，更彰显着女性的魅力。因此，追求完美、处处讲究的女人不但要有一张精致的面孔，更要拥有一双光滑亮泽、白嫩红润的玉手。

一个美女的指甲要修剪得很整齐，手指要纤细。手指纤细的人多半相当聪颖，指尖尖细表示具有智慧，肘部丰满、手臂圆润的人容易成功。最理想的手指应该是指头尖，手指细、长、柔嫩。符合这些条件的手指便是“玉指”。除手指之外，美人的手臂还必须细白、柔嫩，如凝脂般丰满圆润而富有弹性。这种手臂便被形容为皓臂、素臂。皓、素都是“白皙”的意思。女人一双温婉缠绵的手，可以给男人奇妙的触觉反应；一双修长漂亮的手，是男人眼中一道美丽的风景线。

女人一双灵巧智慧的手，可以传达出意志与情感，从而可以慰藉男人的心。因此，女人的手可以从男人的视线里直接升华到心灵。女人的手有着丰富的意蕴，像一件天然的艺术品，令艺术家们痴迷、陶醉，他们为此创造出了不可计数的对女人的手寓意深刻的艺术品。

女人的手不仅是艺术家创造的灵感，她同时还用自己的温柔、缠绵、灵巧编织着一个真实的世界。女人的手不仅代表着修养和品位，更代表着在男人的心上，有着一块温柔缠绵的角落，期许一个只有女人才能给他的温婉世界。

因此，优雅的女人从来不会忽视对手部的保养。

美手，从美甲开始。要有一双美丽的手，就必须经常修理指甲。修整后的指甲还需进一步打扮，才能使得手指看上去美丽动人，通常是根据自己的喜好用指甲油把指甲染成各种鲜艳的颜色。

指甲染成什么颜色，可根据自己双手情况决定。原则上，指甲颜色应当与口红同色，把指甲染成服装的颜色也是很明智的。

手是女人的履历书。保持指甲的优美，才能使手更加光彩照人，才能使女性更加优雅迷人。一双美丽的手，即使需要你花费比脸部更多的精力和时间也是值得的。因为只有从日常生活的点滴做起，才能使美丽更完整！

041 肌肤水嫩透白，焕发靓丽光彩

对于女人来说，世界上最美丽的服饰也比不上一身美丽的肌肤。肤如凝脂，肌肤似雪，都是形容女人的肌肤平滑、细腻、光洁、富有弹力，在视觉上可以传递健康、美好、善良和愉悦。

不少女性对护养肌肤存在较多观念上的误区，还有些人对护养的功效持怀疑态度，更有些人过分迷恋和迷信“某些护肤品的神效”，这些都是不客观和不可取的。肌肤护养是一个循序渐进、长期坚持的过程，那些几天祛斑祛皱、几月焕肤的说法和做法都是不科学的，甚至是非常有害的。

真正的皮肤护养分为护理和保养两个方面，护理和保养角度不同，护理重在外，保养重在内。护理需要把握防晒、清洁、肌肤运动、化妆品使用主要环节，掌握正确的保养方法，才能有效地护养肌肤。

1.干性、油性、混合性肌肤，明确肌肤类型再进行保养

要想给肌肤营养，首先要明白自己的肌肤是属于哪个类型的，不同类型的肌肤所需要的营养也绝对不会相同。如普通的皮肤，既不会太干，也不会太油，那么只要保持正常的湿度也就足够营养了。如果是干性皮肤，经常起皮、发痒，那么就需要一些含水、油

比较重的面霜，在第一时间给肌肤补充水分和油分；如果是油性皮肤，最好选一些清淡配方、无油胶质配方的面霜，或者选用含有松香油的晚霜，这样就会有效调节皮肤营养，达到很好地营养皮肤的作用。

2.祛斑、缩毛孔、祛痘，让肌肤零瑕疵

无论是雀斑、晒斑还是妊娠斑，都会给爱美的女性增添不少烦恼。比较浅层的斑，可以简单地通过面膜来解决，或者通过做脉冲光来消除。不过对于那些天生就有的斑痕，只能通过遮斑霜来进行覆盖了。

美丽的肌肤同样不能容忍大大的毛孔摆在那里。毛孔太大，不仅不美观，还不利于肌肤的健康。因为毛孔太大，粉刺、脏东西就容易在那里滋生蔓延。要想缩小毛孔，最关键的一道工序就是去除粉刺。另外，让毛孔缩小有一个秘诀，就是在用温水洗脸之后再用冷水洗，给皮肤一个收缩的机会，长期如此，皮肤不仅可以变得有弹性，而且毛孔也会慢慢变小。

3.保持肌肤的水嫩透白，焕发质感光彩

肌肤保养还有一个问题就是如何保持肌肤的水嫩透白。现在很多人皮肤都很容易变得干涩，原因就是因为她们长期生活在空调房里，水分流失比较严重。补充肌肤水分一个重要的方法就是敷面膜，特别是含补水成分比较多的面膜，对于肌肤比较干燥的人来说效果尤为明显。然而光靠敷脸是不够的，还得给身体补充营养。皮肤是身体的一部分，皮肤干燥也就间接地说明身体也是干燥的。因此，可以多吃水果、多喝水，这样可以间接地补充肌肤水分，当然，有条件的人可以选择一些胶原蛋白一类的补品，效果必然要好些。

在做好这些工作的同时，一定要记得保护自己的劳动成果——防晒。虽然说很多人喜欢阳光，可是阳光对于娇嫩的肌肤来说，可是一种无形的杀伤，对于保养的成果也是一种明显的破坏。它不仅让肌肤变黑，严重的还会灼伤皮肤，留下疤痕。这是一件很恐怖的事情，因此，无论是春夏秋冬、阴晴雨雪都要记得防晒。

4.养成良好的生活习惯，才能让肌肤保持长久美丽

要保持肌肤的美丽，就必须养成好的习惯，不喝酒，不抽烟，少喝含咖啡因的咖啡、茶、汽水等。酒精会影响肌肤健康，而咖啡因则会使皮肤脱水，造成皮肤干燥、松弛，形成皱纹。

总之，要想自己的肌肤变得美丽动人，是要花时间去保养的。世界上没有免费的午餐，对于肌肤也一样，只有先付出，才有后来的回报。

042 化个美妆，活色生香

清新、舒适、简单的化妆越来越受到现代女性的欢迎。化妆无疑给女人带来自信的美，不但可以起到遮盖、弥补面容瑕疵和不足的作用，还可以让女人的魅力倍增。无论是绚丽夸张的彩妆，还是清新脱俗的裸妆，无论是烟熏妆，还是烈焰红唇，都有着别样的风情。

1.根据脸型选择合适的妆容

先确定自己是鸭蛋脸、瓜子脸、梨形脸、圆形脸、方形脸还是菱形脸。脸型不同，修饰的重点也不一样。

梨形脸上窄下宽，可在两腮较宽部位加深色粉底。

圆形脸十分可爱，却缺乏立体感，应该在腮部和额头两边用深色粉底，拉长脸型。下巴和额头中间则使用白色粉底，形成立体感。

方脸线条较直，下巴缺乏温柔感，同样需在腮部和额头两边打深色粉底，额头中间和下巴加白色粉底，同时化点唇部的彩妆，表现出柔和的色彩。

长脸让人觉得不柔和，可以尝试在脸腮部和下巴打上深色粉底，增加秀气度。

菱形脸很有立体感，却颧骨较高，显得尖刻。应用较重的腮红在颧骨上造成厚重的阴影感，同时提亮、加宽鼻梁。

2.修眉

眉毛是女性很优雅的部位，眉如远山是女子历来追求的。画眉可以修饰眉型，将过短的眉型加长。修眉时要避免眉毛粗钝，宜拔除眉尾下缘，使之逐渐尖细。

一般修眉的原则是拔下缘留上缘，如果眉毛太粗眉峰又高（虽然这种眉型比较少见），则应该将眉毛从上缘拔除。

若眉毛太稀疏，则切忌画上僵硬的直线，而必须用细的眉笔画成短短的羽毛状，然后再用眉刷刷，使之近于柔和自然，不至于显得太突兀。

3.眼妆决定整体效果

眼睛是面部最富表现力的部位，漂亮的眼睛会给人留下美好的印象。适当的化妆能够弥补缺陷，增添眼睛的魅力。

小眼睛的化妆技巧：在上下眼睑画眼线，把汇合处往外画一些，并向上挑，这样可以使眼睛显得长一些。眼影要涂在眼眉下面，而不是眼睑上面。

深凹的眼睛的化妆技巧：下眼线画得往外和往上一些。使用暖色或亮色眼影，涂在眼眉下，而不涂在眼睑上。

圆眼睛的化妆技巧：从眼睛的内角开始画眼线，眼线要向外延伸并向上挑。下眼线画不画都可以。眼影涂在眼睑上和眼眉内半边的位置上。

突出眼睛的化妆技巧：上下眼线不要交汇，上眼线略微向上。在眼睑上和眉毛下面涂咖啡色系列眼影。

4.鼻子的修饰要显示立体感

高挺合适的鼻子，会让整个面部生动立体起来。但生活中很多女人的鼻子，都有或多或少的缺点，需要根据自己鼻子的特点，进行恰当、合理的修饰。

可以用加强色彩的明暗对比，使低塌的鼻梁显得高一些。可以用深于肤色的浅棕色、棕红色、紫褐色等，在鼻子的两侧形成阴影效果。在鼻梁上涂明亮的颜色，可以用浅肉色或者用淡粉红加少量的白色与黄色，调成一种比皮肤明亮的颜色。如果用珠光型眼影，由于亮光的反射，会使鼻梁突出，但涂抹的面积不宜太大，只须在鼻骨及鼻尖上轻轻印涂，而且要符合鼻子本身的生理构造。

5.唇部的妆容

唇部的妆容，是一个女子脸上最灵动的一点。朱红一点，光彩照人，平添无限妖娆！

嘴型大唇线要深，唇红以暗红为妙；嘴型小的就要把唇线扩大，唇线也可用艳红色；嘴型太鼓，就要选择浅红色，且不宜画唇线；嘴型太瘪的，要画艳红色唇线，这样就可扬长避短，增添几分妩媚。

画唇彩要与自己的脸型协调。一般说来，胖圆脸型的人，嘴型轮廓都略显厚小，所以，可在原有嘴型的基础上画得大些、长些或棱角清楚些。瘦脸型的人，若嘴型显得薄而且大，唇线可将内边缘画得略圆一些，唇峰也宜圆，唇彩可用粉红、浅胭脂红、浅桃红色等，这样显得嘴型略圆，颜色柔和。

6.不同肤色要使用不同的化妆技巧

白皙的皮肤应用较浅色的遮瑕膏及粉底。大部分深色皮肤有色斑，需要妥善处理。用比你的肤色浅两度的遮瑕膏，扫擦较深色或不均匀的部位；宜使用不含油脂的液体粉底，色调应该比你的肤色浅；轻轻扑上透明干粉。对于黝黑皮肤，你可能需要用有色干粉，可抹上紫丁香或粉红干粉，增加暖色的感觉；然后抹上黄褐色或古铜色胭脂；以灰色或深紫色眼影美化明眸。橄榄色皮肤看起来灰黄，因此，带粉红色的粉底可以令人精神一振。用黑褐色或紫红色眼影，唇膏用玫瑰红色，令脸部明艳照人。

043 根据年龄和场合来化不同妆

不同妆容彰显不同个性。不同风格的妆容显示着女人的多重性格或身份。妆容既要得体，也要符合个人的年龄和出入场合。

1.甜美可爱少女妆

在约会的时候化一个甜美可爱的萝莉妆，突显俏皮的个性，粉嘟嘟的脸颊和嘴唇，同样不失亲和力。清新小萝莉是需要整体造型的。最基本的必备元素之一即为白皙细嫩的肤质，皮肤暗黄有斑是绝对不行的。

润泽的肌肤会给人年轻的印象，可以使用本身具有保湿功效的粉底产品，或者调和适量的保湿精华来起到润泽的效果。涂抹时建议使用海绵上妆，让光线在面部均匀反射，呈现润泽光感。

萝莉妆的美感关键就在于精细自然。除了粉底的透薄自然外，可利用带有珠光的眼影，晕染在眼睑，再以粉色眼影或腮红轻扫，保有一点粉色的亮泽感。

2.淡雅柔和熟女妆

中年女性的妆容以淡雅为佳，体现柔和、端庄之感。要注意色彩浓度，多选中性、柔和的色调，尽量减少脸上化妆品的数量。

粉底以自然色、液体状为宜，切忌过浓过厚，否则会让褶皱更明显，更显衰老。如果皮肤上有斑，可用遮瑕膏遮盖，做局部处理。由于这个年龄段的女性皮肤大多松弛，在脸颊两侧涂少许阴影，能起到提拉作用。然后再用大粉刷，均匀地将半透明的蜜粉，刷遍整个脸、颈、耳朵等部位。

中年女性眼睑较厚，眼部化妆要格外谨慎。应选择深色亚光、低纯度、低明度的颜色，小面积涂抹在上眼睑褶皱痕处。这个年龄的女性上眼睑多会下垂，眼线画了也看不到，不妨粘上双眼皮贴，提拉松弛的眼睑。下眼睑可不画眼线。这样眼睛看起来会柔和、自然、富有神采。

眉毛的形状要自然，不宜过重、过挑、过粗。若有脱落，可用灰色眉笔一根一根填补，再用眉粉刷出眉形。因年龄关系，眉毛会有些下垂，修眉注意要把下垂的眉尾略向上提一点。

腮红、口红，有“点睛”之效，是化妆中重要的一环。可以选用柔和的中性色，如豆沙红、浅棕红、肉粉色等腮红，既能修饰轮廓，又能使面色红润。

口红适合用自然的肉红色、棕红色、紫红色和低明度的橘色系等。中老年人的嘴唇没有年轻时饱满，涂口红时容易溢出，最好先用唇线笔，勾画出有丰润感的轮廓，然后再涂口红。

3.精致干练职场妆

不同的工作岗位、环境、行业性质，有着不一样的妆容要求。

在较为严肃保守的工作环境，对律师事务所、医药领域以及银行工作的美女们来说，不一定要素面朝天，一款棕褐色的眼影，搭配一款黑色或棕色睫毛膏，双颊处刷上一层淡淡的亮色腮红，选择一款接近于你自然唇色的唇膏，这样的妆容会让你显得职业而又干练。

如果是工作在杂志社、设计公司、网络公司氛围相对轻松愉悦的环境，就不必担心自己的妆容是否太过时尚。因为这类工作本身的性质要求具有创造性，所以需要一款突显个性的妆容来衬托。如果你的双唇很漂亮，不妨画一个烈焰红唇，来突出明亮的气息；如果你的眼睛最漂亮，那就用小烟熏妆来张扬个性。但是一定要记得，通过妆容来表达自己的个性，一定要仔细和慎重地选择和搭配，如果选择了态度鲜明的唇色，那么脸部其他部位就保持低调柔和一些。

4.绚丽魅惑派对妆

要想在新年的狂欢派对上成为最耀眼最迷人的女主角，在美女如云中与众不同，漂亮的妆容是关键。

妆容精致炫目，完美底妆是第一步。在上妆前敷15分钟眼膜和面膜，上妆时会更得心应手。倘若毛孔过大，可尝试用矿泉水加冰浸脸，收缩毛孔。需要补妆时，粉饼是快捷有效的好选择。

要想让自己的双眼具有明亮迷人的光彩，可以不用黑、灰色眼线笔，改用与眼影色泽协调的彩色眼线笔，和带珠光或亮粉的眼影。要增加双眼电波的功力，可在睫毛膏刚涂上之后洒一些亮粉，双眼会有闪烁迷人的效果。

涂抹带水晶成分的闪亮唇膏，在闪烁的灯光下，双唇将随着光线的变幻，折射出不同的诱人光泽。如果唇部形状不够完美，可以先用唇线笔勾勒唇形，然后再使用同一色系的唇膏和唇彩。

营造具有立体感的脸庞，腮红不可或缺。有别于日常妆容，可选用带珍珠亮泽的腮红。如果追求更炫、更时尚的效果，不妨贴上亮晶晶的水晶印花。

044 裸妆扮出不显山不露水的惊艳美

裸妆的美丽之处就在于用自然的淡妆将自己的容貌修饰得精致完美，看起来仿佛没有化过妆一样。裸妆给人的第一感觉就是没有丝毫着妆的痕迹，却不带一点瑕疵。

1.轻薄的粉底打造透明质感的肌肤

上妆前，粉底选色很重要，在自然光下找出一种接近自己肤色的、较薄的、液状的粉底，或是干湿两用粉底。化妆时，先在海绵上蘸些化妆水，再把粉底直接倒在海绵上，利用海绵推开粉底，这样会比直接用手推均匀得多。抹开了之后，再扑上一层薄薄的蜜粉，有助于固定妆容，在夏天尤其需要。

BB霜质地又薄又轻，涂抹后完全看不出来，就好似原有肌肤般自然，同时BB霜还具有防紫外线，保湿肌肤，提亮肤色，让肌肤更加细腻等功效，是裸妆的首选。

选取BB霜的时候要与自己的肤色和肤质相配合，比如肤色偏黄的选择紫色或自然色，偏红选择绿色。另外，为了最大限度地保护肌肤，在使用BB霜之前可以先用一点隔离液。如果你的肌肤状态较差，不妨先抹上含有维他命成分的乳液或日霜，让肌肤获得充足的滋润和活力补充，同时也能使后续妆底更加服帖和具有透明感。

对于肤色本身较暗沉、缺少血色以及五官较扁平的女性，仅仅使用BB霜可能会让脸部显得过于淡白，再加上光线会让整个妆容效果不是很理想，带阴影粉的修容饼可以扫出立体感。在脸颊两侧刷上一些类似腮红效果的阴影粉，可以有效修饰脸色调和妆容，让整体妆容显得更加自然有朝气，同时也能修饰脸部线条。

2.轻扫淡眉粉，不刻意修饰

对于清新自然的裸妆来说，眉笔的化妆痕迹不要过于明显。用眉刷将自然、颜色略浅的眉粉轻轻刷在眉毛的尾部，按照原有的眉形淡淡描画，不必刻意修饰。最后在眉骨下方打上一些白色亮粉，能突出眉骨，使整个脸显得更立体。

3.眼妆不必大肆渲染，但一定要有神采

裸妆不像彩妆，对眼部要大肆渲染，裸妆对眼部妆容的要求是明亮清澈，焕发神采。首先在眼睑部位打上一层浅咖啡色的眼影，然后在同样的位置再打上一层略深一点的咖啡色眼影，最后在下眼线上描一道淡淡的咖啡色。睫毛是明亮眼妆的关键。在刷睫毛时，上睫毛可刷深一点颜色的睫毛膏，下睫毛可用浅一点的睫毛膏，这样的搭配组合，会让眼睛看来更明亮有神。

4.腮红要自然

腮红可以修饰脸颊轮廓，给你健康肤色，或者可爱或者阳光的妆容。即使追求最干净透明的裸妆效果，也千万不要遗漏腮红这一步。用粉红色的腮红来修饰脸色与脸形。用大号粉刷将胭脂打在两侧脸颊，刻意刷出自然的颜色。为了体现肌肤质感，还可以将润肤液轻拍面颊，让脸色明净无痕。

5.透明莹润的唇彩让唇部呈现自然健康美

选择一款光泽度很高的透明或者粉色唇彩，可以制造出水润的裸妆效果。

6.巧用遮瑕笔修饰细节

当黑眼圈、鼻翼两侧、嘴角等细节部位有些不尽如人意时，可以选择一支遮瑕笔来帮忙。对于较深的斑点可以选择带有珠光提亮效果的遮瑕笔。内眼角凹陷、外眼角细纹、鼻翼两侧、嘴角和下巴这些肌肤容易出现暗沉的角落，只用BB霜涂抹不能达到最好的遮瑕效果。需要用遮瑕笔对细节部分进行修饰，点涂在暗沉角落。

045 把补妆细节做完美

即使再精致的妆容，过了一段时间之后也会由于出油、脱妆等问题而变得不再美丽，也会使整个人显得无精打采。

1.脱妆随时补，改变倦怠慵懒气

一看到脱妆后憔悴的面容，就手忙脚乱大涂特涂，是最不明智的做法。即使是浓妆艳抹，也掩盖不住倦容。可以先将眼霜轻点在眼周提高滋润度，让眼周不会因为干燥时补妆，而让细纹看起来更加明显。然后将遮瑕膏轻点在眼周和有瑕疵的面部肌肤上，轻拍涂匀。

由于色素沉淀等原因，最容易产生暗沉的区域，主要集中在T字区和眼睛下方。因此，下午的脱妆状态下，油光满面的T区与熊猫般的黑眼圈往往是让人产生憔悴疲倦感的主要原因。可以将高光刷在这些部位，以提亮的方式，依靠光线制造出视觉上的明亮感。

2.提亮眼周肌肤，打造神清气爽的明亮眼神

先用高保湿眼部精华打底，增加眼部肌肤的滋润度，然后用海绵把粉底均匀地拍打开，把残余的粉压在眼周肌肤上，只要轻涂薄薄一层粉底即可，不仅可以提亮眼周肌肤，整个人看起来也更加神清气爽。

眼睛下方区域的暗沉和黑眼圈是造成倦容的最大原因，因此在打上高光的基础上，用橘色系眼影修饰，可以起到提亮和修容的效果，让眼睛神采奕奕。

3.打造健康的闪亮唇色

选对唇膏或唇蜜，可以瞬间提亮脸部，迅速改变妆容，让气色看起来更好。唇彩对于女人就如仙女棒一般神奇，轻轻一擦，瞬间美丽无限。

4.T字区高光提亮，打造神采奕奕的肌肤质感

T字区在上粉底之前先涂一层控油霜，然后将浅色粉底涂抹在眼睛下方、T字部位和下巴，然后用海绵仔细轻柔地推匀开来，但不要推抹得过度，不然会失去遮瑕和提亮的效果。最后以海绵蘸取些许粉饼抹在T字区上有粉底的部位，动作要轻。

5.腮红打造好气色

鼻唇附近的肌肤更加容易暗沉，还可能会有法令纹，因此要把粉底慢慢地按压在肌肤上。涂抹腮红时，用海绵块从脸颊内侧向外侧缓慢、轻柔地推拭。最后用一点散粉轻轻扑按在腮红处，慢慢晕开，直至妆效变得自然。

用渐变腮红可以制造健康血色。如果使用一色腮红，往往会因为肤色不均而无法起到整体覆盖的效果。但是，渐变色系的腮红就可以完全解决这个问题。用最深的粉色刷在颧骨上，周围再扫上相近的浅色，就可以制造出健康自然的红润肤色。

6.花妆急救术

花了底妆千万别拿纸巾擦。取一两片化妆棉，蘸上化妆水或乳液把花了的底妆擦掉，再用乳状粉底轻轻涂抹在需要补妆的部位，最后再补一层定妆散粉，与整个妆容自然衔接即可。

花了眼影，先用手指轻压、轻打花掉的眼影，接着用米色或浅粉色的眼影充当遮瑕膏薄薄涂抹一层即可，也可以在这层之上继续化新的眼妆。

花了睫毛，千万不要用手揪睫毛，更不要在结块的睫毛上再重新刷涂睫毛膏。先用棉棒把结块的睫毛膏擦拭干净，然后再重新刷上睫毛膏。

046 别忽略了卸妆的方法

肌肤上残留过多的化妆品和油脂污垢，不仅堵塞毛孔，更容易造成肤色暗淡，影响肌肤的健康。所以，每天清晨要化一个漂亮的妆容，在晚上休息前还要做好卸妆工作，才是对自己面部肌肤的最好呵护。

如果眼妆和唇妆比较重，比如涂抹了唇膏和眼线睫毛膏，要在全脸清洁前先用眼唇专用卸妆品卸除局部彩妆。

方法：在干脸状态下，将卸妆品挤在化妆棉上，轻轻擦拭。先去掉表面的腮红、粉底和灰尘，这样能达到深层清洁。打湿脸庞，将洁面产品在手上打出泡沫后在法令线部位、脸颊和下巴以画圈方式轻揉，注意打圈时要以向外的方向带走油污。这个区域油脂分泌较多，以细密的打圈手法而不是加重揉搓力度来清洁，更有助于去除油污并减少拉扯肌肤的现象。最后用温水洗去泡沫，然后用一块干净的棉片将容易残留泡沫的发际线处和脸上纹路较深的部位清理干净。

要想让卸妆工作变得轻松，同时能彻底地清洁肌肤，选择一款高效的卸妆品是关键。

目前最常见的卸妆品主要有卸妆油、卸妆水、双层或多层卸妆液、卸妆乳霜等。除了剂型的不同之外，其配方结构还有适用人群都有所区分。

1.卸妆油，浓妆卸妆的选择

卸妆油以油脂为主要成分，同时附加一定量的乳化剂来辅助卸妆。油脂又简单分为植物油、动物油、合成油脂三类。

植物油有常用的橄榄油、霍霍巴油、甜杏仁油和乳木果油等，优点是刺激性低，滋润度和护理效果都不错。缺点是容易氧化酸败，不容易长期保存。动物油脂有水貂油、羊毛油等。动物油脂有着良好的防护能力和较为理想的滋润度，但是目前很多配方设计中已经避免了动物油脂的使用。合成油脂是目前化妆品中含量比较多的，经过精细加工而制得，比如棕榈酸乙基己酯、甘油三酯等。卸妆油选择的油脂，尽量选择一些亲肤性好的油脂。建议使用一些以橄榄油、霍霍巴油和甘油三酯等为配方的卸妆油产品，不仅性质较天然温和，刺激性也较低。

由于大量油脂的溶解能力较高，所以卸妆油的卸妆能力会很强，比较适合浓妆的卸妆。

2.卸妆水、分层卸妆液，裸妆和眼部卸妆的选择

卸妆水或分层卸妆液不同于卸妆油，它们的成分90%是水，对于粉体和油脂的溶解力大大降低。由于分层卸妆液含有少量油脂，卸妆能力会高于普通的卸妆水。卸妆水或分层卸妆液适合偏油性肌肤、裸妆和眼妆卸妆使用。

3.不发泡洁面乳(霜)，干性和敏感肌肤卸妆的选择

洁面乳霜类卸妆品为乳霜质地，为常规的乳霜配方或者添加微量的表活成分来辅助卸妆。由于不发泡洁面乳霜基本没有发泡能力，主要通过乳霜与彩妆互相溶解，来达到卸妆的效果，并且卸妆效果适中，所以适合干性肌肤和敏感肌肤卸妆使用。

Chapter 5

曲线完美，纵使无情也动人

女人总梦想自己有天使的脸蛋和魔鬼的身材。至于前者，那是与生俱来的，难以改变。但后者却不同，这是上帝给每一个女人的礼物。也就是说，每一个女人都可以拥有美丽的身材，只要你肯付出努力。

047 瘦身，时尚女人必修的功课

女人总梦想自己有天使的脸蛋和魔鬼的身材。至于前者，那是与生俱来的，是父母在我们身上留下的最明显的印记，难以改变。但是美丽的身材不同，这是上帝给每一个女人的礼物。也就是说，每一个女人都可以拥有美丽的身材，只要你肯付出努力。

试试七步瘦身操，修形体，塑身材，让你享受S型女人魅力所带来的快乐！

第一步，首先两腿直立，并挺胸收腹。两手正握准备好的水瓶水平置于胸前，接着向上举起，直到手向上完全伸直。保持这个姿势3～5秒，然后再直臂慢慢放下还原。

第二步，首先两足开立，并向前屈体90度，两手握水瓶让手臂尽量直垂肩下。接着直臂从前平举起水瓶，一直到与地面平行，要保持这个动作3～5秒，然后再还原。

第三步，首先两脚自然开立并下蹲成马步，然后两手握水瓶，再下垂于身体两侧，接着直臂向侧上方举起，一直到双臂向上完全伸直为止，最后在齐肩和最高点都保留姿势3～5秒。

第四步，首先两脚自然开立并下蹲成马步，然后两手反握水瓶，再置于身侧。接着把水瓶尽量向后上方抬起，保持这个姿势3～5秒后还原。

第五步，首先俯卧于地或垫，再用两脚踝托住水瓶，接着尽力将小腿向后抬起到最高点，保持这个动作3~5秒后还原。这个动作的要领就是双腿一定要一直保持并拢直立。

第六步，首先坐凳子上，让小腿垂直地面，然后两脚钩住水瓶，小腿与大腿成90度角。接着伸直膝关节，让小腿向上挺直。保持这个动作3~5秒后还原。

第七步，首先平卧在地上。然后两膝弯曲，再抬起小腿，不要让其下降，接着两手抱头。然后保持小腿不下放的这个姿势，并把上体向前蜷缩，要尽量抬高。可以按照自己身体的素质来决定做多久这个动作。

除了每日坚持做瘦身操，还要做到以下习惯：晚上9点以后坚决不进食，这也是保持曲线美的关键。

048 好身材贵在保持

瘦身不只是一种对外形美的追求，也是对身体健康的追求，它代表了一种生活态度，也代表了女人积极营造自我，追求美丽人生的决心。对于体重超标的人来说，减轻4.5公斤体重就可以降低高血压和糖尿病的发病率，减掉多余脂肪当然要比拖着一身赘肉健康美丽。有效的减肥方法自然可以让身材变瘦变美，但关键在于怎样保卫自己的减肥成果，让美好的体态更长久地保持下去，这比速效减肥更重要。

1.根据个人肥胖程度和原因科学减肥

首先找出肥胖的原因，摒弃过去不健康的生活方式和习惯；

然后采取实际行动，根据营养学家的建议和自己的接受能力科学减肥、快乐减肥，既要控制过量饮食，又要保证每日人体所需各种营养的摄入量。再次，定期运动既能够减轻人体压力还能够促进脂肪燃烧，让减肥的效果更显著、更持久。最后，减肥方法加上持之以恒的毅力，保持完美身材。

2.减肥避免五大误区

误区一：节食有助减肥，每日只吃一顿

早上不吃早餐，中午只吃一顿，晚上不吃饭或用水果代替，一天等于只吃一顿饭，这样看上去进食的热量比过去少很多，可以实现减肥的目的。其实不然，终日不进食反而增加食欲，只吃一顿饭或过度节食反而会使体重增长得更快。所以，即使减肥中也一定要吃早餐。上午的能量主要来自早餐，不吃便会无精打采，并且对身体也不好，更重要的是早餐能带动能量的消耗，避免发胖。

误区二：不含脂肪的食物就等于不含热量

不含脂肪的食品并非不含热量。不含脂肪的饭后甜点往往含有大量糖分，这些糖分能转化为大量无用的热量，导致身体肥胖。

误区三：不断过秤，称量体重

专家指出，许多女人把过多的精力用在每天称体重上，没有必要，这只会增加心理压力，让精神紧张。

误区四：减肥成功后就不必锻炼了

这种习惯会让减肥效果大打折扣。坚持参加体育锻炼是最有效的减肥方法。专家指出，减肥时如果同样重视锻炼，那么强健肌肉和减少脂肪就同时进行。锻炼让肌肉更加匀称健美，也提高了身体的热量消耗能力。

误区五：减肥就要少营养

有的人为了减肥，每天吃的东西非常简单，如一杯咖啡、几块饼干就是一顿早餐，而一杯牛奶、一个燕麦卷就是一顿午餐。这会导致营养缺乏，钙质、蛋白质和纤维质摄入过少，会不利于身体健康。减肥的饮食原则应该是既减少膳食中的热量，又能保证身体所需的蛋白质、维生素与无机盐的供给量。

3.好身材贵在保持

根据人体的生物钟显示，在晚上21：00后，人体各器官功能已基本处于微弱状态，同时这一阶段正是积累脂肪的时刻。而我们正常晚餐所吃下的东西需要5个小时才能完全消化掉，这多余的热量日积月累会造成皮下脂肪堆积过多。所以牢记晚上睡前绝对禁止进食，这样才能让好身材保持下去不反弹。

保持身材，还要端正日常行为姿态，包括坐、立、行、走。跷二郎腿或者是腿部交叉会对身材产生很大的影响，如造成盆骨弯曲、身材变形等。

049 调整轮廓，打造小脸美人

身体的肥胖不仅会体现在腰腹和四肢，也呈现在脸部。面部脂肪过多，而又极少运动，很容易变成胖脸、大饼脸或婴儿肥。拥有漂亮的脸形，是每个爱美女性的追求，人人都喜欢瓜子脸，那么有什么有效办法让脸变瘦呢？

1.想瘦脸，多吃含钾食物

如果想不需要通过发型或者脸部化妆来修饰脸形，可以通过调节饮食的办法来塑造V形小脸。在食物挑选上，应该多摄取含高钾质的食材。钾质能够促进体内代谢功能，排除因为不当饮食或生活习惯所产生的脸部肿胀很有效果。

相当有营养的红萝卜，具有小脸功效，每天早上喝一杯现榨的蜂蜜红萝卜汁，养颜又美容。胡萝卜富含维生素，可刺激皮肤的新陈代谢，增进血液循环，从而使皮肤细嫩光滑，肤色红润，对美容健肤有独到的作用。木瓜里的蛋白分解酵素、南瓜素，有分解脂肪的功效。柠檬可软化并清洁皮肤，增加脸部弹性。平常多吃一些可以消肿利湿的蔬果，如冬瓜等。

如果因肌肉硕大引起的面部肥胖，应该避免口香糖、甘蔗等锻炼咀嚼肌的食物，因为这些食物会促使面部肌肉更加健硕。

2.瘦脸操，紧致提拉防水肿

每天早晨醒来，做一做简单的按摩瘦脸操，可以消除脸部浮肿，具有紧致提拉面部皮肤的效果。

消浮肿按摩操：

方法：在脸上涂抹好按摩霜后，从内往外推匀，然后用食指第二指节按眼睛正下方与鼻翼两侧轻轻按摩。

双手置于大腿上支撑重量，将头部往食指指节靠，同时按压两边穴位。双手从脸颊往外移至咀嚼肌，头部往前下沉，重复3~5次。

双手大拇指置耳垂下凹陷处，其余四指按太阳穴及耳上，头部下沉，按压3秒后放松，做3~5次。

握拳，用除拇指外其余四指的第二指节沿颈部两侧往下滑然后推至锁骨上缘，重复3~5次。

面部提拉按摩操：

维持微笑表情，用双手掌根从下巴两侧沿轮廓线往耳下按摩3次，可帮助拉提脸部线条，塑造尖下巴。

手掌托住双颊，由下往上、由内往外画圈拉提脸颊3次，往上时要有肌肉往上拉提的感觉，往下时用力轻柔。

双手托住两颊外侧，虎口紧贴耳下，四指紧贴太阳穴，由下往上轻拉提3次，有助减缓轮廓线提早下垂。

握拳，用食指第二指节凸出处按摩两侧太阳穴，揉压3~5秒稍作休息，再重复3~5次或感觉舒缓为止。握拳，从左颊开始往上滑推至颧骨，拉提脸颊肌肉，重复3~5次，再换右脸颊重复以上步骤。

050 重塑迷人小蛮腰

腰部线条是凸显女性魅力的重点。怎样用最简便有效的方法甩掉腰部脂肪和赘肉，重塑迷人小蛮腰，对于众多的爱美人士来说，是瘦身的重点。

1.站立扭腰法，燃烧腰部脂肪很有效

简单来说就是扭动腰部，让腰部得到充分的锻炼与运动，加速腰间位置的血液循环速度，让身体内的新陈代谢速度加快，减少废物在腰间的堆积。另外，还可以让体内的脂肪做快速的分解运动，从而减少赘肉在腰间的囤积，长久坚持可以起到瘦腰功效。

站立扭腰动作完全不受时间和空间的限制，对于经常坐在办公室里面的白领来说，是瘦腰的最简单快捷的方法。当坐在办公椅上感到累了的时候，可以站起来轻轻地扭一下腰，这样不但可以舒展自己酸痛疲累的身体，还可以让腰间的赘肉在扭腰的时候快速消耗。

方法：

身体保持着挺直站立的姿势，双手自然垂直摆放在身体两侧，双脚并拢。将双手轻轻握拳，放在胸部前面，双手与地面保持平行。先向左边扭腰，然后恢复到原位后再向右边扭腰。左右两边交替重复，直到腰部有酸痛感为止。

需要注意的是，扭腰的时候一定是要用腰部的力量来让身体转动，不要借助腿部和背部的支撑力量来帮助扭腰，否则会减少腰间的运动量，让腰间消耗的脂肪量减少。每天都要坚持做，才会让腰部的赘肉在运动中渐渐消散，达到明显的瘦腰目的。

2.侧身俯卧撑，改变松垮“水桶腰”

想让自己的腰身变得更紧致，柔韧性更强，练练侧身俯卧撑吧，这样可以让自己的腰部看起来不会松松垮垮的。侧身俯卧撑不同于普通的俯卧撑，双手双腿一起用力，而是将重心移到身体的一侧，然后辅助转体下压动作，从而锻炼腰部。

方法：

侧卧于垫上，面向左边；左臂支起上半身，左脚外侧触地，左手指尖朝头部方向；双腿并拢，右腿平放于左腿上，右脚叠放在左脚上；臀部向上抬，腿部离开地面(双腿仍保持并拢在一起)，直至身体呈一条倾斜的直线为止，用左臂和左脚外侧支撑身体；保持平衡后，打开右臂，和左臂呈一条直线，使整个身体呈斜“十”字形。

身体平衡后深呼吸一次，保持臀部以下不动，扭腰，右肩和右胸向地板靠拢，右臂自然在空中画圆，然后扭转身体，穿入左臂。

恢复到起始的斜“十”字姿势，重复5次。两侧交替练习。每周坚持做3~4次，一个月后会明显地看到收腹塑腰的效果。

如果感觉身体比较轻松，腰腹部也没有明显的紧绷感，可抬腿使之与地面平行，然后再做转身下压的动作，肌肉拉伸的程度会更大。

做这个动作需要注意的是，支撑身体的肩膀和手掌要保持在一条直线上，如果肩膀过于前倾或后仰很容易伤到肩关节。整个过程中要避免臀部和大腿部的下沉，小腿不要接触地面。扭转下压身体时不要抬臀，腿部也不要随之大幅度扭动，下半身仍旧保持在原来的水平线上，会让腰腹部得到最大限度的拉伸。这个动作的关键在于身体要一直呈直线状，不要前倾或下沉。

3.久坐不动“发福腰”的拯救法

对于只喜欢吃不愿意动的女人来说，想要保持好身材，让腰部尽显苗条，就要少吃大包装食品，多做一些重家务。在做家务的过程中，腰部会得到不知不觉的锻炼。比如打扫房间的时候不用吸尘器，而是用扫把和抹布清扫，亲自去倒垃圾，午饭后收拾桌面等。

久坐囤肉型的粗腰可以借助椅子来锻炼。长期坐在办公室里，容易积累腹部赘肉。每天回到家后可以试试椅子瘦身操。

方法：

平躺在地板上，双脚搁置于椅子上，大腿与地面成直角。右手置于脑后，左手向旁伸直。然后逐渐抬起上半身与地板成30° 角，接着前倾，右手肘扭向左膝。长期坚持做可以看到明显的效果。

051 丰胸，女人的美丽话题

对经常伏案工作、使用电脑的女性来说，长时间保持一个含胸的姿势，不但看起来不美，时间长了不但影响乳房的挺拔度，还会出现乳房胀痛、刺痛等不适。想要丰胸，必须改正不良姿势。

1.塑造美胸，从养成正确的姿势习惯开始

正确的姿势有助远离乳房隐患。平时走路要抬头挺胸，收腹紧臀，挺胸端坐，不要含胸驼背；睡眠时要取仰卧位或侧卧位，不要俯卧趴着睡。如果要伏案工作或使用电脑，正确的姿势应该是上身基本挺直，胸部离桌沿10厘米，这对解除胸部疲劳、保护乳房的生理活性很有好处。而在工作之余或者感觉疲劳时，要时常起来活动上肢，多做深呼吸、扩胸运动以及甩手、活动手腕等运动，不但可以舒筋活血，还能有效牵拉乳房，防止胸部衰老变形。

2.选择合适的胸罩，让胸部得到良好呼吸

胸部也需要呼吸，过小的内衣对胸部的影响很大。胸罩过小会影响胸部发育，胸罩过大会导致胸部下垂。因此，选择合适的胸罩很重要。另外，随着年龄和结婚怀孕的变化，女性的胸部也会发生变化，胸罩尺码要适当调整。

3.丰胸不盲目，依据个人胸型选方法

扁平胸型的特征是胸部底盘较大，但高度低，曲线不明显。乳房前突的长度比乳房底部的圆周半径要小，形状像荷包蛋。这种胸型的人可以选择抓举杠铃的方法来丰胸。方法：身体平躺，双手握着杠铃，将杠铃举起，慢慢放下杠铃在乳头的位置上，然后尽量向外展开，重复8~10次。

圆锥形胸型的特征是底盘适中，高度适中，但不够圆润饱满。乳房前突的长度比乳房底部的圆周半径要大，侧面看呈三角形。这种胸型的人可以坐在推胸器上，双手握推把，向外推出直到双肘微微屈起。然后回到开始位置，重复做10~15次。

半球形的胸部比较丰满，乳房前突的长度和乳房底部的圆周半径相等。从侧面看乳房饱满得像一个半球。这种胸型的女性平时只要吃一些有利于胸部保养的食品即可，比如豆类、坚果、花生、芝麻、核桃等。

纺锤形胸型的特征是乳房前突的长度等于乳房基部圆周半径，

从侧面看像一个桃形。这种胸型的人只需要多做丰胸运动，可以让胸肌更加紧实有弹性。

下垂的胸型，乳房前突的长度比乳房底部的圆周半径要大，造成乳房下垂。适当做哑铃运动，可以使胸部变得挺拔，预防乳房下垂。方法：仰卧在上斜30度的斜板上，双手握着哑铃，手心向前，然后慢慢将哑铃推起，再放下哑铃，每天重复10~15次。

052 减掉腹部脂肪，改变烦恼小肚腩

身材比例协调，体重大小正常，但偏偏有一个凸出来的小肚腩。对于大部分女性来说，肚腩都是很令人烦恼的问题。

1.腹部按摩

减肥小肚腩最有效的就是腹部按摩，每晚沐浴之后，用手掌从脐部上方、胸骨下方开始，由上向下推按，按摩时要略微施力，然后再围绕脐周，顺时针和逆时针各按摩100次，腹部会变平坦。如果按摩的过程再配合针对腰部和腹部的纤体霜使用，其中的植物纤体紧肤成分能促进皮肤细胞的新陈代谢，可以有效提升和紧实腰腹肌。

2.腹式呼吸锻炼

方法：吸气时，肚皮鼓胀，呼气时，肚皮紧缩。腹式呼吸方法能有助于刺激肠胃蠕动，促进体内废物的排泄，顺畅气流。平时走路和站立时用腹式呼吸，不但小腹会趋于平坦，也有利于矫正走路姿势，塑造挺拔迷人的身材。

3.坐椅瘦腹练习操

方法：坐在靠背椅的边上，双手反抱椅背，放松地弓背塌腰，腰部尽量贴紧椅面。然后双脚轮流做踩自行车的动作，腿部肌肉放松。一只脚向下伸，不触地，另一只脚弯曲向上抬高，反复练习，每天坚持可以让小腹紧实。

4.常跳肚皮舞，练就迷人腹部

有利于腰腹部的运动每天可以多消耗250千卡的热量，坚持做每个星期可减掉大约1公斤的腰腹脂肪。其中用于锻炼腰腹部的拉丁舞和肚皮舞，越来越受到人们的青睐。

053 打造修长紧实的美腿

一双修长圆滑、结实匀称的腿能让女人的魅力加倍，想要塑造完美的身材，就要让双腿先美起来。

1.运动减掉腿部脂肪

对锻炼腿部比较有效的有氧运动有：慢跑、骑自行车、滑雪、登楼等。游泳是一项全身性的有氧运动，如果想在游泳池中健美大腿，可以在浅水中行走，水的自然阻力会使大腿得到有效的锻炼。大腿减肥每次锻炼至少30分钟，可以消耗更多的脂肪。

伸展运动可以使大腿减肥。

方法：

两臂下垂，一腿曲膝下蹲，背部坚持挺直，另一腿向后伸直至与地面平行，或向侧伸直至与身体成直角，试着在每一条腿上做3组，每组10次。这种锻炼也可以在身体站立时进行，一腿站立并坚持身体挺直，另一条腿侧伸和向后伸，尽量使大腿平直且与地面平行。伸腿运动后做跨步走。向前大跨一步，直至后膝离地面15厘米左右，然后再向前迈另一条腿。每条腿做两组，每组10次，然后逐渐增加次数，可以改变腿部肌肉的松弛状态，使双腿更健美。

2.瘦腿操锻炼

方法：

直立，两手臂侧平举，肩膀放松，两脚跟并拢。右腿曲膝高抬尽量碰右肘，身体保持正直。然后将右腿放下，同时左腿踢起，脚尖尽量接触右手。然后换腿做同样的动作，如此反复3~10次。在做这个动作的时候有几点要注意：首先是腿要绷直，脚要放松，刚开始动作要轻缓，以免扭伤。

端坐，双手叉腰，同时尽量分开两腿，将右腿抬高至离地面约15厘米处，然后慢慢转向左腿，在空间停留几秒钟，再移向原位，放下左腿做相同的动作，如此反复2~10次。

平躺在床上，身体绷直，将左腿慢慢抬高，直至和身体保持垂直状态。然后慢慢放下，换右腿做相同的动作，如此反复5~30次。

同样是仰卧，双腿像骑车一样前后大幅度蹬动，如此反复10次左右。

腿部通过不断的锻炼，血液循环就会加快，腿上脂肪就会随着汗水慢慢地消失，使腿形变瘦变美。

3.细脚踝运动

你爱穿高跟鞋吗？粗粗的脚踝配精致的鞋跟可不太美观。以下方法可以有助于让脚踝变细。

方法：

坐在椅子上，抬起右脚，脚背平伸往下压，然后脚背曲起，往身体方向用力；再换左脚做。双脚张开略近肩宽，双手叉腰，右腿曲膝，左腿伸直，身体重心左移；然后换另一条腿做。

054 臀部健美有妙招

松弛、下垂和过于丰满的臀部，其原因一方面是由于脂肪在腰背部及大腿部堆积，另一方面是由于臀部肌肉力量减弱，按摩成了恢复臀部健美的最佳选择，不但能消除多余的脂肪，增强臀部肌肉力量，而且能达到治疗疾病的目的。

1.俯卧位，立于一侧的按摩者将手放在被按摩者臀部外侧，用力向内侧推挤，用力收缩臀肌，反复15次。然后，按摩者手按被按摩者臀部，左右交替进行，每次5分钟，再用手掌对臀部进行揉搓至皮肤发热。

2.俯卧位，按摩者将手掌重叠，从被按摩者臀部最高处向四周做放射状推拿。

3.侧卧位，按摩者用手从其骶部向下推挤到大腿部，交替约25次，然后用手指操按环跳穴约1分钟左右，用力至产生酸胀感。

4.仰卧位，按摩者压住被按摩者下肢，被按摩者用力向上抬臀多次。然后让其左右摆动多次。

5.仰卧位，按摩时用双手握住被按摩者一侧膝部，向前推拉腿部反复25次。交替进行。此按摩法只要能持之以恒，臀位就能逐步提高，变得浑圆优美。

055 慎重选择吸脂减肥术

吸脂减肥术是一种美容外科技术，主要在专业的美容医院或机构进行。它是利用特殊的吸引器械，将皮肤内多余的脂肪吸出来，从而达到减肥瘦身、重塑体形的目的。

吸脂减肥术一般在局部麻醉或全身麻醉下进行，并且在身体比较隐蔽的部位进行，一般不会影响到面部的容貌。比如在腹股沟部、耻骨上或腋下皱襞、脐、腋窝等处选择切口，而且切口一般很小，长约1~2厘米，然后将吸脂管插入皮下脂肪层，将脂肪吸出。通过不同规格的吸脂管，完全可以将大腿、小腿、臀部、腰部、腹部、乳房、颈部等处的脂肪一一吸出。吸脂结束后缝合切口。伤口愈合后会有细小疤痕。

极其注重自我身材的女人们，总会被吸脂减肥术的快速减肥效果吸引。但是，吸脂减肥术真的会起到立竿见影的效果吗？对人体健康又是否存在着危害呢？

1.适宜做吸脂减肥术的条件

吸脂减肥术能够最快最有效地解决肥胖问题，但并非人人适宜做这种美容手术。吸脂减肥术适宜局部减肥，对全身肥胖不宜采用。体重适中轻微超重，身体某部位不合比例，如大腿、臀或腰过粗，多余的脂肪在运动及节食中难以消除，可以通过吸脂减肥术减少这些部位的脂肪。

2.下列情况不宜使用吸脂减肥术

全身肥胖者不宜使用吸脂减肥术。因为这个美容术吸出的脂肪量有一定的限度，超过吸脂的量就会影响人体健康。所以对全身肥胖者的减肥效果不大。

身体虚弱、体质差、健康状况欠佳者不适宜使用吸脂减肥术。只有身体健康状况良好者才能进行这种手术。患有心脏病、高血压的人要禁止做吸脂减肥术。

想做吸脂手术的人应该没有任何禁忌症，不能勉强做这种手术，这一点必须要注意。

皮肤弹性不好的人不适宜做吸脂手术。只有皮肤仍有弹性者才会有好效果，因为脂肪被吸去后，皮肤有弹性才可保证被吸脂的部位光滑平整，否则就会出现瘪皱。40岁以下的女性恢复效果会好一些。

3.吸脂减肥术存在一定的风险

术后吸脂的部位需用外科腰带紧紧包缠，痊愈时间要依据个人身体情况及吸去脂肪量的多少而定，一般需要半年左右。术后疼痛因人而异，有的人较长时间内可能仍会有局部疼痛及不适感。吸脂减肥术存在着一定的风险，而手术失败则对身体会有损伤，甚至造成畸形。

056 让骨骼健康生长，才是“骨感”美人

女人追求骨感美没错，但是节食、不当的减肥方式都可能带来营养的流失，最终会导致骨质疏松。因为减肥减出骨质疏松症的女性越来越多，骨骼保健往往成为大部分女性的保健盲点。

骨质疏松可以通过骨密度检测法来判断，测定受检者的骨量能

够早期诊断和预防骨质疏松症。

三四十岁的女性应该定期检查一次骨密度。骨质疏松的一大后果就是在日常生活中更容易发生骨折，而出现脆性骨折，很可能本身已有明显的骨量流失，甚至已经患有骨质疏松症了。

骨质疏松症是一种代谢性骨骼疾病，它最大的危害是引起人体骨骼脆弱，大大增加发生骨折的风险。女性激素的特殊性使女性比男性更容易患上骨质疏松症。尤其是30岁以后的女性，更要警惕因骨量流失导致的骨质疏松症。

人体在30岁时骨量达到最高值，即“峰值骨量”。30岁以后，骨质流失会逐渐加快，骨密度开始下降。如果女性减肥过度，容易引起雌性激素功能低下，导致骨量合成不够，将来发生骨质疏松症的概率也将会大大提高。

一些年轻的女性，由于减肥过度而引起闭经、神经性厌食症，而这类人群的骨量也一定严重缺失。

专家建议，如果出现以下症状，应定期去医院进行骨密度测试，预防骨质疏松症：体形偏瘦者、有骨质疏松症家族史者、有长期吸烟饮酒史以及长期喝咖啡者、使用激素类药物者，以及有过骨折病史者。

预防骨质疏松症要从建立科学的生活方式开始。饮食均衡，可多吃钙质含量高的食物，如牛奶、奶酪、虾皮等。适当晒太阳，维生素D是有效促进钙质吸收的关键物质，而阳光可以帮助身体合成维生素D，天热时可在清晨和傍晚晒太阳20分钟左右。适量运动，增加人体的平衡协调能力。

职场女性一般每天要在电脑面前待到8个小时以上。长期伏案工作，造成骨骼畸形发展，压迫神经；或同一种姿势维持太久，引起拉伤。其中以肩、颈部位最常见。久而久之，早晨起床时身体僵硬，关节酸痛，脖子、肩膀、后背和脊椎发麻。长时间地穿高跟鞋或尖头的鞋子，容易造成脚内侧关节突出，出现脚痛、背痛。

057 拥有完美身材就先运动起来

哪个女人不希望有人赞美自己的身材？要想拥有紧实的肌肉、优美的曲线、光泽的肤色，当然应该持之以恒地进行运动。

运动不一定要在健身房里进行，随时随地都可以运动。比如少乘电梯多走楼梯；选择骑自行车去郊游，而不是开车去；饭后和一家人出去散散步，而不是窝在家里看电视或者上网等。

做任何有氧运动的练习时，应该慢慢开始，使身体逐渐适应。要掌握好时间，时间太短达不到锻炼的效果，时间太长难免疲劳。最佳运动时间一般控制在10~15分钟。

1.开始锻炼时，时间不宜太久

在刚开始进行有氧运动的时候，也许只能维持2~3分钟，但锻炼几天就会适应。刚开始进行运动锻炼不必太激烈，否则容易出现意外。

2.可逐渐增加有氧运动的时间

随着身体的适应，可以渐渐增加做有氧运动的时间。如果在刚开始运动数分钟的时候，脉搏速率很快，那么就需要平静下来，并降低运动的激烈程度，维持较小限度的运动，同时手臂也放低一点。假如训练目标定得太高，很可能会增加心血管不必要的张力，很难再继续运动下去。

3.适当增加强度

当身体变得比较强健以后，可以增加运动的强度，进行一些高难度的有氧运动。在每次刚开始运动的时候，应该先做一些较舒缓的运动，然后再逐渐做一些较激烈的运动。最后，再慢慢地减低运动的激烈程度。

4.可进行训练时间的上限

在身体变得较为强健以后，能够自主地控制在训练下限内10分钟时，就可以进入训练范围的上限，即20分钟左右。

Chapter 6
秀外慧中，腹有诗书气自华

作为一个女人，如果你天生具有姣好的容貌、婀娜的身材，那是上帝对你的恩赐。但是女人还有一种美，不会因时间的流逝而消亡，那就是女人内在的文化底蕴之美，这是一种从骨子里透出来的掩不住的美。这种内在的知性美让女人充满理性和智慧，更加自信与优雅。这种知性美的基石是广博的智慧、经验与丰富的学识。具有知性美的女人是成熟的，是聪明的，犹如一本经久耐读的书，令人回味，历久弥香。

058 书籍：女人的最佳美容品

书是女人最好的饰品。林清玄在《生命的化妆》一书中说：女人化妆有三层，其中第二层的化妆是改变本质，让一个女人改变生活方式、睡眠充足、注意运动和营养，多读书、多欣赏艺术作品、多思考，可以让女人对生活保持乐观的心态。

“读史使人明智，读诗使人灵秀，数学使人周密，自然哲学使人精邃，伦理学使人庄重，逻辑修辞学使人善辩。”培根在《随笔录·论读书》中写出了读书的益处。

喜欢读书的女人内心是一幅内涵丰富的画，文字可以书写性情、陶冶情操。喜欢读书的女人常常是有修养、有素质的女人。一个女人最吸引人的地方就在于她丰富的内心世界，从而表露出来的优雅气质。“书中自有黄金屋，书中自有颜如玉。”岁月的流逝可以带走姣好的容颜，却无法带走女人越来越美丽和优雅的心灵。书籍，是女人永不过时的生命保鲜剂。

世界有十分美丽，但如果没有女人，将失掉七分色彩；女人有十分美丽，但如果远离书籍，将失掉七分内蕴。读书的女人是美丽的，腹有诗书气自华。书中的内容化成了营养从身体里面滋润着女人，由此女人的面貌焕发出迷人的光彩，那优雅的光彩经得起时间的冲刷，经得起岁月的腐蚀。正因为如此，你将不再畏惧年龄，因为你已经拥有了一颗属于自己的智慧心灵，有自己丰富的情感体验，你生活中的点点滴滴将会书香四溢。

女人需要博览群书，以放眼世界。书是女人永恒的情人，他不弃不离，始终如一，永远都在奉献，从不索取回报。书还是女人保持个人魅力的法宝，让皱纹迟到，让青春不老。

一个与时代同步的女人，一定会是一个喜欢读书的女人。读书的女人即使不施脂粉，也是优雅淡泊、气度不凡。读书的女人是成熟的女人，身上蕴藏着极大的能量。

智慧的女人爱书，爱书的女人更智慧。读书的女人是优雅的女人，她或许貌不惊人，但超凡脱俗。

059 知性：低调内敛的静谧之美

作为女人，如果天生具有姣好的容貌、婀娜的身材，那是上帝的奖赏。人体美是自然美的极致，这种天然的形、容之美让人赏心悦目。然而，美貌总是与青春为伴，时间是它最大的敌人。当年华老去，青春不再，这种外在之美的光焰便会逐渐暗淡。

还有一种美，不会因时间的流逝而消亡，那就是一个人内在的文化底蕴之美，是一种从骨子里透出来的掩不住的智慧光芒。这种内在的知性美让女人更加自信与娴雅。

1.智慧是女人知性美的基石

知性女人是美丽的，而充满智慧是知性美的基石。知性美是一种成熟的美，靠后天逐渐修炼而成，历久弥深。如果说容貌美给人直观上的赏心悦目，那么知性美可以让人发自内心的欣赏和敬佩。

不管女人处在生命的哪一个阶段，都需要用智慧去塑造自己。

2.知性美来自于不断地学习和自我充实

女人作为社会中的一个重要群体，多元化的社会价值取向要求家庭和事业两兼顾，要求女人既要有男人的刚毅果断，又不失母性的爱和女性的柔情。女人要时时不落伍，保持自己的魅力，就要不断地学习。在一个正在形成的学习化社会里，学习已经成为众多女性选择的生活方式之一。不断学习成为女人美丽的源泉，是女人知性魅力的重要基础。

3.女人不但要具备知识，还要增长见识

知识具有四个层次：学识、见识、践识、胆识。这四个层次的修养缺一不可，需要在漫长的生命历程中不断积累，不断磨砺。

丰厚的知识可以使女人永远美丽，使女人富有魅力。知识可以丰富女人的大脑，锻炼女人的才思，一个知识丰富的女人是值得敬重的。除了学习必要的理论知识，女人还要注重对外的交流与沟通，以增长个人的见识，开拓广阔的视野。这对于女人的成熟和成长很重要。此外，在实践中丰富经验，锻炼才干，磨炼胆识，也是塑造知性女人不可或缺的条件。

4.提高自身素质，是永葆女性知性魅力的不竭动力

为了适应社会的更多需要，女人要及时了解现代前沿的科技、经济、管理等知识，既要有精深的业务知识以保证工作的质量和效率，也要有广泛的非业务知识以丰富自己。提高自身素质是永葆女性知性美的不竭动力。女人要不断提高悟性，善于思考，将所学的知识内化，从而融会贯通，应用自如。这样的女人必定光彩照人，独具魅力，是成功的，也是幸福的。

060 学识：滋润女人心田的甘泉

传说中的埃及艳后是一位“旷世的性感妖妇”，在古埃及更是一位焦点人物，在后人的记述里，她不但保全了一个王朝，而且使强大的罗马帝国的君王纷纷拜倒在其石榴裙下，心甘情愿地为其效劳。

其实埃及艳后不过是个长相一般，脸上轮廓分明，看起来较为严厉的女人。她的个头矮小短粗，身高只有1.5米，身材明显偏胖。她的衣着也相当朴素，甚至脖子上有很明显的赘肉，牙齿长得毫无美感。

但她却凭卓越的思想和学识征服了人心。她对炼金术、哲学以至数学和城市规划无一不晓。她精通多种语言，她的第一语言是希腊语，但她也会说拉丁语、希伯来语、亚拉姆语和埃及语。她还写过好几本关于科学的书。中世纪的阿拉伯学者从未提及埃及艳后多么美丽，他们经常将她称为“善良的学者”。

一个女人若拥有了学识，就是为她所憧憬的目标的实现奠定了基石。

1.学识体现女人的内涵，增加女人的内在美

学识能使女人洋溢出与众不同的高雅气质。因为读书能修身养性，陶冶情操，能提高人的思维能力，扩展人的学识视野，可净化人的心灵浮尘。

一个女人如果拥有较高的学识，她不但会有修养，而且还会有思想、有深度，会焕发出一种文静娴淑的气质和雍容文雅的气息。

在现实生活中，大凡有学识的女人，一般都知书达理、温婉优雅。一个知书达理的女人，才能懂得与人为善，博得周围人的认可、欣赏和欢迎。

2.学识是滋润女人心田的甘泉

拥有学识会使女人变得很独立，很有主见，能力也是不言而喻的。

拥有学识的女人，才能在美貌的基础上更添几分柔情，增添几分典雅。拥有学识的女人，即使是岁月的轻霜爬上脸颊，女人也会风韵犹存，也会不失典雅的风范。不论何时，不论何种场合、何种问题，她们都会依据自己的知识有独特的见解。

有学识的女人，坚定而自信，典雅而大方，谦虚而好学。有学识的女人才是智慧的女人。

3.学识成就女人的丰富人生

学识不仅仅是饱览诗书，通晓琴棋书画，更主要的是一种内在的气质，是一种内涵。有学识的女人往往学业优秀，才华出众，谈吐不凡，举止高雅，学识与优雅兼具，让男人由衷地钦佩和赞赏。她们不仅是生活上的伙伴，更是良师益友。在生活的细微之处、平常之时，显示出其智慧的力量和美丽。

如果一个女人，她既注重外在的美，同时又注重内在的美，那么即便是到了徐娘半老的年龄时，也依然会风韵犹存地保持着她自身的魅力。而这种魅力，并不是一朝一夕就能形成的，是要靠不断的学习和增加自己的见识才能得来的。

061 才艺：女人的别样妩媚

有才艺的女人，用聪明的头脑开拓女人的半边天；用坚韧的肩膀，承载生命的辉煌；用纤纤玉手，编织锦绣人生；用一颗平常心，走过岁月的痕迹；用优秀的能力，为生活增光添彩！

女人天生就具有一种灵性，如出水芙蓉般的纯净，似柔风细雨般的温柔。若女人有了才艺，更是达到一种极致的美，妩媚中带有书卷气，娇嗔中也带有了超凡脱俗的灵性。

俄罗斯著名芭蕾舞艺术家乌兰诺娃是世界级的芭蕾大师，她曾多次荣膺列宁勋章和斯大林奖金，是俄罗斯总统文学艺术奖的获得者，在国际上享有崇高的声誉。

她的舞姿“像云一样柔软，像风一样轻盈，比月亮更明亮，比夜更宁静”。就连蜚声世界的电影导演爱森斯坦都评价：“乌兰诺娃……她高大无比，她是艺术的灵魂，她本身就是诗，就是音乐。”

乌兰诺娃在童年就表现出了一些与众不同的特质，她的动作轻松灵巧，对一切美的事物特别敏感，对音乐尤其偏爱。有一次，乌兰诺娃的母亲去观赏学生演出的《护身符》。舞台上，女学生们扮演的一群“星火”满台飞舞，其中一个女孩的造型特别吸引人，表演很有吸引力。她突然发现，原来这个女孩居然是自己16岁的女儿。

在列宁格勒基洛夫剧院芭蕾舞团工作期间，乌兰诺娃凭借自身非凡的艺术才华，先后在多部剧中成功地塑造了不同的女主人公形象，成为前苏联首屈一指的芭蕾大师。

乌兰诺娃不是在舞台上跳舞，而是把自己和角色融为一体。她以丰富的表现力体现了人物的情感和思想，揭示出人物崇高的精神世界，因此她所塑造的人物有血有肉，神形兼备，具有极强的感染力，使人为之震撼，为之心动。

乌兰诺娃生活在不同的角色生命之中，她整天和白天鹅、奥吉塔、朱丽叶、吉赛尔、雷蒙达、桃花等人物打交道，她的思想纯真得如同水晶，她已将芭蕾与自己的生命融为一体。著名作家阿·托尔斯泰曾称她为“人间的上帝”。

正如乌兰诺娃这样有才艺的女子，总给人以神秘感。若不见人，只看到她们的才艺，就不知引得多少男人的倾倒和爱慕了。这样的女子，在世人的眼中，必定是墨云秀发、眉如浅黛、杏眼桃腮、气质非凡、落落大方的女子。这样的女子，身上一定有无限的魅力，心中定有广博的学识，为人处世，定是谦谦有礼、优雅大方。

有才艺的女人会用自己的才能填补生活的缺憾，用自己的兴趣爱好让生活多姿多彩，处处皆是诗情画意。

062 梦想：让女人的人生起飞

每个女人都有梦想，梦想是女人天性中的一种浪漫，是一种难舍的情结。女人不能没有梦想，只要梦想存在一天，你的生命也许就会多一份奇迹。

冬奥会上，韩国女单自由滑冠军金妍儿的表演异常精彩，高难度的动作，优美流畅的舞姿，清纯典雅的气质，纯净阳光的笑容……如同雨后彩虹下一颗最闪亮的露珠，清新脱俗而美丽夺目。

金妍儿7岁开始学滑冰，她一直把一位著名的女滑冰运动员作为自己的偶像，梦想滑得像她那样好，像她那样在世界大赛上拿奖，然后她一路朝着自己的梦想前行，期间，她刻苦训练，多次受伤，付出了常人难以想象的努力，终于，她梦想成真了，19岁的她多次获世界大赛冠军。因为看金妍儿的比赛，韩国万人空巷，因为大家都去看比赛没有人买股票，而令韩国股市下挫，足见她的影响力之大。是梦想让这个普通的女孩的人生与众不同，美丽无比。

有些女人的梦想也许还遥远，有些女人也许还在许多的梦想中徘徊、选择，有些女人也许刚刚实现了自己的一个梦想，正在为又一个新的梦想跃跃欲试。但无论如何，女人一定要有梦想，梦想会让女人的一生一路欢歌，精彩无限。

有一种女人很快乐，她们知道如何面对现实和梦幻，会很恰当地去处理好身边的一切事物。这样的女人，对待生活时，会营造充满浪漫而简单的方式；对待现实中的困惑时，则用理性的思想去思考，顾全大局。一句话概括就是：理性地思考，感性地做梦。

理性的思考还包括对一些事物的判断，在不断延伸的生活中，一点点学着去认清这个世界，学着多角度地思考问题，学着去看清事情的本质，然后形成自己的价值观，形成自己判断是非的标准，找到自己心中的那份坚持。

有了梦想，女人的人生会更加丰富、充实，生活才会因此变得更加美丽！

063 思想：女人生命的不竭源泉

现代女人不仅要艳丽，还要有思想。纵使不能让男人惊艳，也会凭借她们对流行敏锐的洞察力，让男人一眼看去就不能忘怀。

思想会随着阅历的丰富、经验的积累使女人越来越精致、成熟。做一个思想丰满的女人，即使失去所有，也会清楚自己接下来要做什么，要去追求什么。

如果你始终不是个身体丰满的女人，那么你就要努力做一个思想丰满的女人，身体的丰满或许会变得臃肿，但思想的丰满却始终都是属于你的傲人魅力。

有思想的女人是有自信的女人。她们彰显个性风采，却不过于张扬，她们相信自己的学识和认知能力，坚信自己的理想和抱负，懂得不断地学习和追求新的知识，让自己不断地进步。当困难出现的时候，她们临危不惧，从不怨天尤人或者悲观丧气，不会只用眼泪作为捍卫自己的武器，相信自己能够解决困难，同时也能积极地寻求可靠的解决方式和方法。温婉贤淑的女性却带有自信执着的气质，娇柔下却有一颗坚忍顽强的心。

有思想的女人是客观公正的女人，她们不趋众，永远保持着冷静的头脑和处世态度。她们有知识有文化，了解社会的动态和知识走向，在纷繁复杂的社会圈子里，她们绝不轻易地盲从。她们拥有自己的一套处世哲学，却有别于那些穿梭于钢筋水泥构架城市里的女人，和那些歌舞场浓妆艳抹的女人更是截然不同。她们注重仪表，但不妖冶；她们注重礼貌，但不过分亲热；她们注重情感，但不任人唯亲。做人处世永远都以事实说话，从不妄断，这样的女人更是男人得力的助手。

有思想的女人能够包容别人，尊重他人的选择，不会把自己的价值观、人生观和世界观强加到别人身上。她们能够设身处地为他人着想，站在对方的角度理解他人，并尽可能地帮助他人。即使自己和别人的想法不同，她们也不会企图去改变别人，充分懂得尊重他人的思想和习惯，需要时会聪明地给予引导。男人对这样的女人评价非常高，如果是妻子，便是一个贤内助；如果是合作伙伴，便是值得信任的朋友。

有思想的女人有完整独立的人格，相信世界上存有美好的爱情，面对错误敢于承认，面对责任勇于担当。在经济上，她不依靠任何人，在精神的世界里，她不是某个男人的附属品，她懂得通过交友、读书、旅游、锻炼、娱乐充实自己的内心。在情感上她相信，这个世界有亘古不变的永恒，她懂得珍惜情感，经营生活。面对困难与挫折，她不找借口，不逃避，勇敢面对，动手改进，将挫折转化为前行的动力。勇于承担自己的责任，不逃避不推卸，这样的女人是充满魅力的。

064 智慧：女人优雅魅力之根

女性的智慧之美甚过容颜，因为心智不衰，所以超越青春，智慧永驻。

智慧女性不必有闭月羞花、沉鱼落雁的容貌，但她必须有优雅的举止和精致的生活。

智慧女性不必有魔鬼身材、轻盈体态，但她一定要重视健康、珍爱生活。

智慧女性在瞬息万变的现代社会中，总是处于时尚的前沿，兴趣广泛、精力充沛，保留着好奇纯真的童心。智慧女性不乏理性，也有更多的浪漫气质。春天里的一缕清风，书本上的精词妙句，都会给她带来满怀的温柔、无限的生命体悟。

智慧女性因为经历过人生的风风雨雨，因而更加懂得包容与期待。智慧女性内在的气质是灵性与弹性的完美统一。

具体来说，女人智慧美的魅力主要体现在以下几个方面：

1.高雅的志趣

高雅的志趣会使女性锦上添花，从而使爱情和婚后生活充满迷人的色彩。

女性的气质跟人品、性情、学识、智力、身世经历和思想情操是分不开的。要想有优雅的气质和风度，就必须有志趣和智慧作为基石。

2.丰富的内心和宽广的胸怀

有理想、有知识，是内心丰富的两个重要方面，这是现代女性所必不可少的。知识将使女性魅力大放光彩。除此以外，还需要宽广的胸怀。法国作家雨果说过："比大海宽阔的是天空，比天空宽阔的是人的胸怀。"

3.优雅的言谈

言为心声，言谈是窥探人们内心世界的主要渠道之一。在言谈中，对长者尊敬，对同辈谦和，对幼者爱护，这是一个智慧女人应有的美德。

4.智慧女人要有一个突出的个性

女性的美貌往往具有最直接的吸引力，而后，随着交往的加深，真正能长久地吸引人的却是她的个性。因为这里面蕴含了她自己的特色，是在别人身上找不出来的。正如索菲亚·罗兰所说："应该珍爱自己形体的缺陷，与其消除它们，不如改造它们，让它们成为惹人怜爱的个性特征。"

065 风度：形、色、香三位一体

女性的风度美是外在美和内在美的统一，如果把外在美比喻成形色俱佳的花朵，把内在美比喻成花儿飘逸出的诱人芳香，那么，风度美就是形、色、香三位一体的鲜花。

对于女人，更需要风度美。女人的风度表现在言行、姿态上，可以说一举一动都与风度密不可分。但是言行和姿态并不能决定风度。也就是说，一个有风度的女人，言行和姿态也一定体现出良好的修养，但如果是侃侃而谈，能说会道，行为举止也符合规范，却不一定具有风度。比如，有的女人想模仿别人的幽默感，使自己成为一个有幽默风度的人，然而由于内涵不够，不知道什么是真正的幽默，也不会在适当的场合适当的对象面前表现幽默，在这种情况下如果滥用或误用幽默，就会使人啼笑皆非，甚至闹出误会。还有的女人看着别的女人穿衣很有风度，也就照着同样的装束来装扮自己，结果不但失去了自己的风格，弄得不伦不类，而且越变越丑。

因此，盲目效仿别人的谈吐、举止及表情的人，只能给人留下浅薄的印象，不会给人一种良好的风度。有的女人心灵十分美好，但不一定会具有良好的风度。

风度之美，贵在自然。“清水出芙蓉，天然去雕饰”便突出地表现了这一审美观点。自然的风度使人感到舒适、悦目。自然美如芳香的果蔬、轻舒曼卷的枝叶、争奇斗艳的百花一样令人百看不厌。

现代女性对高雅风度的追求，体现着她们把握自身风姿、格调的一种高超的控制能力。越来越多的女性能够恰如其分、灵活巧妙地把握住美的“度”，从而在任何环境中都不失其优雅。

妩媚的风度是现代女性对美好状态追求的集中点。德国著名美学家莱辛说：“媚就是在动态中的美。”他把“媚”比喻为一种“稍纵即逝而却令人百看不厌的美”。正是这种无可媲美的风度美，使女性充满魅力。

066 情趣：给生活加点味

生活中如果没有情趣，生命就会平淡无奇，如一潭死水。不懂得在生活中创造情趣的女人，就仿佛一盘没放盐的菜肴一样，寡淡无味。

女人的生活快乐与否，其实是完全掌握在自己手中的。既然有时觉得生活会平淡无味，那就不妨花一点心思去改变一下生活方式，调整一下紧张忙碌的生活状态，就会让生活焕然一新。生活中的情趣是靠女人用心去创造的。女人天生都是艺术家，通过一双巧手、一个灵感，就让生活变得多姿多彩，笑语嫣然，幸福从容。

把情趣当作生活必需品的女人，从来不会觉得无聊和寂寞，因为生活已经被各种各样的活动所填满。赏花、观月、看书、听音乐、观海、爬山、散步、打球……在有情趣女人的眼里，生活随处都是快乐，一切事情都是充满乐趣的。心情不好时，可以听喜爱的音乐舒解压力，在天气不佳的时候，在家里看书、看电影，享受安静的时光。总之，有情趣的女人不会让自己不开心。

有情趣的女人善于营造浪漫，同样也是一个懂得生活的女人。这样的女人会发现和体验浪漫带来的美好感受，懂得在平凡的生活中寻求美丽。所以，女人长得漂亮不如活得快乐。

高雅的情趣是由生活方式养成的，而情趣的培养在于生活中点点滴滴的积累。金钱打造不出情趣，做作和矫情也是情趣的敌人。

有情趣的女人看上去是单纯的，一个简单的日子就可以充满喜悦和幸福感。把头埋在晒洗好的衣物里，深深地吸一口，闻到迷恋的太阳的味道。这是个美好的细节，满满地洋溢着情趣。

曾经有人这么说，当一个女人爱着一个男人，而这个男人又爱着这个女人时，天使就会从天堂下来，坐在那家人家里，唱起欢乐的歌。讲究生活情趣的女人，会努力让家居装饰充满艺术韵味和温暖感觉。一盏橘黄色的吊灯，一串蓝色的风铃，一扇粉红色温暖宜人的百叶窗，几个随意丢放的绣着古典花色的靠枕……每一个细节之处，无不散发着悠悠的生活雅致，这样的家表现出来的是一种精益求精的态度，连居室中的空气似乎都充满了灵动感。

有情趣的女人，眼中看到的风景都是不同的。在不同的风景中，融入自己的感情，生活就会变得无比美好。

Chapter 7 谈吐优雅，会说话的女人魅力无边

如果你是个容颜美丽的女人，优雅动人的谈吐可以使你更加迷人；如果你是个相貌平平的女人，得体大方的言谈可以让你顿添光彩。好口才是女人为人处世中的润滑剂，也是获得成功的必备能力。

067 女人长得漂亮不如说得漂亮

女人可以不漂亮，但是一定要会说话。说话恰当得体、妙语连珠，会为你的美丽加分；而说话粗俗浅陋、词不达意，则会使女人的形象受损。

那么，怎样才算“会说话”？只是能简单通顺地表达清楚自己的意思，并不能够满足我们生活、工作及人际交往方面的需要，这就需要运用我们的智慧，把自己内心的愿望用一种别人乐于接受的语言表达出来，不仅把话说得优美动听，而且让听我们说话的人能够心情愉快地接受，这才是真正的“会说话”。

会说话的女人，不仅能说得让他人爱听，还能够通过语言的魅力帮助自己摆脱尴尬和困境，让自己时时处处都成为一个受欢迎的人。

世界知名化妆品品牌玫琳凯的创始人玫琳·凯，就是一位极会说话的高贵女人，她说的每一句话都会让身边的人感觉舒适、轻松和温暖。据说，在她创业初期，曾经经历过这样一件有趣的事：

一天，她与朋友一起去逛服装店，无意中听到了一个金发女孩和一个黑发女孩的对话。当时，金发女孩正在试穿一件衣服，衣服看起来很合身，很漂亮。

看着同伴穿着漂亮的衣服，黑发女孩由衷地称赞道：“这件衣服真的很漂亮，只是没有刚才那件好，那件衣服的扣子太漂亮了。”

金发女孩听后很不高兴地说道：“我很讨厌那件衣服，尤其是扣子，难看死了，我才不要呢！”黑发女孩本来是好心提个建议，听到同伴这样说话，看起来也有些生气。看了金发女孩一眼，噘起嘴不再说话了，两个人谁也不再搭理谁，金发女孩也把衣服放下，打算走人。

玫琳·凯把这一切都看在眼里，她笑容满面地走过去，轻声地对金发女孩说：“刚才这件衣服你穿上很漂亮，尤其是衣服的领子，把你的气质衬托得很高贵，如果你再配上一条项链，那就更加完美了。”

金发女孩听后羞赧地一笑，低声说：“其实刚才那件的扣子也很漂亮，不过我更喜欢这件衣服的领子。”说罢，牵起黑发女孩的手，高兴地买下了衣服。

会说话的女人会拥有美好的爱情、幸福的家庭，会拥有和谐的人际关系，会拥有超强的人脉资源。因为，会说话的女人本身就具有一种超能力，她可以通过好口才从而进一步提升自己的优雅指数，并最终成为集万千宠爱于一身的女人！

068 精彩开场白，打开说话第一步

会说话的女人拥有一种高层次的优雅。她们从来不会在公众场合表现出惧怕和害羞感，而是善于运用各种沟通技巧，实现与人结识、交往的目的。

女人怎样打开说话第一步，精彩的开场白可以助你一臂之力。尽管你的口才并不语出惊人，但一个别有特色的开场白，同样可以引人注目。

1.以礼开场

礼貌就是一个人的名片，说话有礼貌的女人总是更受人欢迎。礼貌看似是小事，却直接影响着个人的形象。女人说话有分寸、讲礼节，词语雅致，内容富于学识，是言语有教养的表现。另外，有教养的女人懂得尊重和谅解别人，委婉而善意地指出别人的缺点。在高明的说话技巧和高雅的行为举止相得益彰时，才能使彼此达到理想的交流，那么在交谈中也就容易开口了。

2.用眼开口

有时言语无法完全表达清楚我们的心思与用意，这就需要借彼此眼波交流来达到心灵间的沟通。如果我们要拒绝他人或者责备他人，或是不便于用言语来表达某种思想，不妨试试使用这种以眼代言的方法，也许能够达到较理想的目的和效果。

无论是询问、请求，还是劝诫、说服，都可以从眼神及表情上表露出来。这里要注意一点，人的眼神应该是随着说话的语气而高低有异。比如，若是有求他人或是答谢他人之恩，我们应由下往上注视，因为当自己以一种祈望的眼神向对方求助、感谢时，也就自然抬高了对方的地位，这样才能得到对方的同情与回敬。

3.委婉开口

在生活中，说话直来直去、尖酸刻薄是一把伤人又伤己的双面利刃。为了你的交际生活不至于四面树敌，你最好还是少直言指责他人处事的不当，或去纠正他人性格上的弱点。大千世界中的每个人都有自己独特的性情、兴趣和不同的生活态度，因此不可避免地会产生观念上的冲突。如果我们能在不否定他人见解的前提下得体地表达自己的意思，那么就会达到交际上的成功，可见委婉开口是一个很有用的说话方式。

4.感谢开口

“谢谢”这个词很有魔力。也许很多女人不是不想表达她们的感激之情，只是不知道该如何开口，只好选择了沉默。还有一些女人，她们充满感情的表达却让对方感到不自在。

在表示感谢的时候，一定要使你的话清晰而自然，不要吞吞吐吐，含糊其词。不要忘记对方的名字。“谢谢你！”和“谢谢你，小李！”的效果是完全不同的，尤其是你们并不是太熟悉的时候。当别人帮助了你的时候，千万记得说声感谢，一个会说“谢谢”的女人，才最得人心，最容易成功。如果想成为一个受欢迎的女人，就把你的感激表达出来吧。

069 女人有内涵才能妙语连珠

有的女人会苦恼地说：“我也想把谈话变得妙趣横生，可是我确实找不到要说的话。”怎样解决这些问题才是关键。

好口才要有足够的底蕴作为基础。谁见过一个目不识丁的女人能口吐莲花呢？好的口才是建立在深厚的学识基础之上的，如果脱离了这个根本，那么言谈就会成为“无源之水、无本之木”，淡而无味。

女人有内涵才能口吐莲花，妙语连珠，倾倒众人。具体来讲，应该从以下几个方面多下功夫：

1.多读书看报，涉猎知识

女人一定要爱读书，与一些高尚的人交朋友。很多女人在和别人谈话的时候，别人都不爱听，那是因为她缺乏生活的积累，说的都是一些肤浅的话。所以，要想有好口才，多加强生活积累显然也很重要。知识、阅历、情感、生活等，都提升着女人的品位和内涵。

2.紧跟时尚，把握时代的脉搏

穿着时尚的女人总能给人美感，而如果一个女人穿着时尚，嘴里说的却是落伍的词语和话题，那就只能被人嘲笑了。所以，女人不仅要在服装上做时尚的代言人，也要让自己的知识随时更新，紧紧跟随着时代发展的脉搏，让自己的语言也时尚流行起来。

3.建立话题资料库

遇到喜欢打扮的，可以说出几个品牌化妆品和服装；对方喜欢文学，就可以和他聊聊尼采、雪莱……上知一点天文，下懂一点地理，雅事如插花、咖啡，俗物如擦洗马桶等都有所了解，这样才能和各式各样的人有交谈的话题。不妨准备一个小本子做记录，形成自己的思想和见解。有了自己的词汇库，说起话来也就头头是道，甚至常常能妙语惊人，这就是积累的结果。

4.语言要高雅得体

今天的美女，似乎早把"出口成脏"当成了时尚，随心所欲，旁若无人。如果不是处在青春期懵懂、叛逆的孩子，请再想发泄的时候找对场所和对象。记住，"出口成脏"不是时尚。

5.不做琐碎的是非女人

婆媳关系、夫妻感情、孩子教育、七大姑八大姨的纷杂人际……这些都只是你的家事，请不要把它们广而告之。把你的喜悦传递给别人，把你的烦恼只选择向真正会为你分忧而不是等着看你笑话的朋友倾诉。不要加入东家长西家短的是非讨论，女人们在一起其实也有很多有趣的话题：练习瑜伽的裨益；购物、美容的收获；烹饪和家务的心得；旅游的见闻和乐趣……从交流中开阔视野，从交流中放松心情。

070 让你的声音再甜美一些

心理学家认为，声音决定了女人38%的第一印象。当人们看不到她的外貌时，音质、音调、语速的变化和表达能力会决定其说话可信度的85%。因此，甜美的声音是女人自然天成的乐符，是穿越男人灵魂的旋律。

女人的声音也是可以训练的，就如同女人的形体可以塑造一样。女性要使自己的声音有吸引力、让人爱听，就要“包装”声音，塑造出美的声音。

那么，究竟怎样才能练就一副好的嗓音呢？你至少应该从以下几个方面去努力：

1.检验一下自己的音质和语调

你是否了解自己的音质、说话速度的快慢？大多数人并不太清楚，而且也从来没有想过要把检验自己的声音和说话速度当成一回事。也很少有人会想到要透过录像机或者录音机来听听自己的声音，即使曾想到过，大多数人也不太愿意真正付诸行动。但是，为了提高说服能力，就必须了解自己各方面的状况，这其中当然包括声音在内，并且要从根本来加以改善。为此，就有必要利用录像机或录音机来检验一下自己的音质和语调。

2.记下他人沉静平稳的嗓音，勤加模仿

这样不知不觉中，你的声音就会产生连自己也察觉不到的变化，甚至达到与你心中理想声音酷似的地步。

3.控制音调的高低变化

如果你在和别人讲话时始终保持同一个音调，就会使对方昏昏欲睡，打不起精神，自然也就达不到讲话的目的。即使内容再精彩也不会引人注意，还可能使别人不乐意与你交往。

4.口齿清楚，不要有太多的尾音，每个音节之间要有恰当的停顿

声音太大了会让人反感，让人感觉是在装腔作势。但音量太小会使人听着费劲，误以为怯懦。一般要根据听者的远近，适当控制自己的音量，最好控制在对方听得见的限度内。

5.放慢说话速度，应追求一种有快有慢的音乐感

单调如一的声音如同催眠曲，令人厌烦。可以放慢速度强调一些主要词句，在一般内容上稍微加快速度。随着内容和情绪的变换，说话的音量和音调也应该发生变换，可侃侃而谈如淙淙流水，也可慷慨激昂似奔泻的瀑布。在不同声音段里，要有高潮、有舒缓、有喜忧，才能引人入胜，扣人心弦。

声音是一种能量，能影响和作用他人。温婉的声音，让人产生信任感；甜美的声音，让人乐于倾听；有些女性的声音还具有性感美。声音能够表现个性，传递性情。人与人之间更多更深的交往总是依赖语言，女人能够懂得声音的重要性并努力地调整和改变，生活会顺利和愉悦很多。

071 多谈论令人愉悦的话题

做个会说话的女人，先要有个好话题。文学、艺术、哲学、时尚、美容、居家、亲子等，都是比较适合女人交谈的话题。话题应尽量避开粗俗的内容，也不要使用粗俗或不雅的口头语，这些都使人感到格调低下，甚至会冒犯对方。

1.轻松的话题令人身心愉快，擅长的话题可以无话不谈

女人之间交谈一些令人轻松愉快、身心放松、饶有情趣的话题，可以让身边的人感受更多的快乐，这样的女人也更容易令人接近。例如，跟好友谈论一些近期的电视电影、流行时装、美容美发、休闲娱乐、旅游观光、风土人情、名人轶事、烹饪小吃，等等。时尚是女人永恒的话题。

谈自己擅长的主题要因人而异。例如，与医生交谈，宜谈健身祛病；与学者交谈，宜谈治学之道；与作家交谈，宜谈文学创作，等等。它适用于各种交谈，但忌讳以己之长对人之短。卖弄学问、故作风雅，都是令人反感的。

2.面对冷场适时转变话题，让交谈氛围活跃起来

谈话的内容狭隘令人讨厌，围绕着一个主题打转，说话的内容就会受到局限，给人彼此没有话说的感觉，而且让人感到没有乐趣可言，谈话气氛也很容易沉闷。在交际活动中，女人要注意根据不同的场合，依靠自己的灵感创造出更多的让人快乐和切合心意的话题，整个沟通效果就能够大大改观了。

一对新人在一家大饭店举行婚礼，正赶上大雨下个不停，新人和客人们觉得很懊丧，婚礼气氛有点不愉快。

这时餐厅领班来到新人和诸位客人面前，微笑着高声说："老天爷作美，赶来凑热闹，这是入春以来的第一场好雨。好雨兆丰年，这象征着这对新人的未来是十分幸福的。雨过天晴是艳阳天，这说明今天在座的所有客人都将迎来更加灿烂的明天，我提议，为了创造和迎接雨过天晴的明天，大家干杯！"话音一落，整个餐厅的气氛发生了一个大转弯，沉闷的婚礼场面一下子活跃起来。

3.女人要有会圆场的应变能力，将话题转向好的一面

一个会说话的女人需随时注意对方的变化，观察对方的表情，掌握听众的情绪，并要根据听众的反馈及时调整谈话内容和角度，加进一些听众感兴趣的内容，这没有较强的应变能力是做不到的。此外，当谈话场面出现纷争、尴尬或冷场时，女人要适时地圆场，将话题重新拉入愉快中，使谈话氛围和谐美好。

4.女人要想讨人喜欢，就要避免以下话题

女人不要探听或散播他人隐私，也不要轻易将个人隐私告诉别人。每个人都有不希望他人了解之事。在交谈中，若双方是初交，则有关对方年龄、收入、婚恋、家庭、健康、经历这一类涉及个人隐私的主题，切勿加以谈论。

取笑、捉弄、鄙视对方的语言是最不受欢迎的行为。在交谈中，女人要注意不要带有尖酸刻薄的语气，油腔滑调，乱开玩笑，口出无忌，也应当避免。挖苦对方所短，调侃取笑对方，成心要让对方出丑，或是下不了台，都会伤害对方。

闲言碎语的非议、传播谣言、背后评论别人的女人很难有好人缘。非议旁人，是缺乏教养。

不谈令人伤感、反感的话题，不向别人诉苦、抱怨。脆弱的女人再感到伤感，也不要泄愤、抱怨，这些对方并不感兴趣的话题最好避免。

失意的事情最好不提，以免让对方觉得沉闷和无聊，影响对方的情绪。千万不要逢人就开始倾倒自己心中的垃圾，这样不仅无法引起对方的共鸣，还会徒增对方的反感。

交谈中适当伴以幽默、风趣的话题，可以缩短彼此间的心理距离，增添谈话的生动性与趣味性，使交谈时时处在和谐轻松、友好的气氛中。

072 女人的赞美如一缕阳光

莎士比亚曾经说过这样一句话：“赞美是照在人心灵上的阳光。没有阳光，我们就不能生长。”心理学家威廉姆·杰尔士也说过这样的话：“人性最深切的需求就是渴望别人的欣赏。”在人际交往中，适当地赞美对方，会增强和谐、温暖和美好的感情。

那么，怎样赞美别人才是合适的呢？

1.赞美要实事求是

在与人交往的过程中，适当地赞美别人是有礼貌、有教养的表现，不仅可以获得好人缘，而且还可以使双方在心理和情感上靠拢，缩短彼此之间的距离。因为这些适当的颂扬，常常会由此提高他人的尊严，更有利于改善自己的人际关系。

你要别人具有怎样的优点，你就要怎样地去赞美他。实事求是而不夸张的赞美，真诚而不虚伪的赞美，会赢得对方更多的信任。同时，为了不辜负你的赞扬，他会在受到赞扬的这些方面全力以赴。赞美具有一种不可思议的推动力量，对他人的真诚赞美，就像荒漠中的甘泉一样让人心灵滋润。

2.赞扬要恰到好处

赞扬别人要恰到好处，为了使对方高兴，你可以在褒奖办法上略施技巧，那就是在背地里夸赞对方。当然，若你只是在暗地里称赞对方但他却一无所知，那就一点意义也没有了，你要想办法将你的夸赞通过巧妙的方式确实地传达到对方的耳朵里。

3.真诚的赞美有奇效

不只是演员需要鼓掌。如果没有赞扬和鼓励，任何人都会丧失自信。可以这样说，每个人都有一种双重需要，即被别人称赞和称赞别人。真诚的赞美会触动每个人。这里要记住的是，不切实际地赞扬别人是不行的。比如你看到一个并不帅气的男孩，不能称赞他太英俊，因为这样他会觉得你是在故意戏弄他。这所起的效果实在太糟糕了。其实你不一定要称赞他帅气，称赞他才华或有某种特长也是可以的。

女人学会赞扬，在给别人一份真诚和温暖的同时，也给自己一份心灵的愉快体验。

073 谈吐文雅，让嘴巴甜甜的

礼貌用语是谈吐文雅的重要体现，是展示女人风度和魅力必不可少的基本要素之一，是尊重他人并获得他人尊重的必要条件。在简单的日常交流中，适当地运用称呼、敬语、客套话，礼貌和修养就自然表现出来。

1.与人恭敬，称呼当先

面对陌生人，出于礼貌，我们总要以一定的称呼来跟对方交谈，如“李局长”“王总经理”“警察同志”“护士小姐”等。在不知道对方姓名及其他情况（如职务、职称、行业）时可采用泛尊称。正确、适当的称呼，反映着女人的教养和对对方的尊重。

在与陌生人交谈时要特别注意，称呼应当亲切自然、准确合理。此外，慎用称呼、巧用称呼、善用称呼，将使你赢得别人的好感，将有助于你的人际沟通自然顺畅地进行。

在使用称呼时，一定要回避以下几种错误的做法：不称呼别人就没头没脑地跟人家搭讪、谈话。因为习俗、关系、文化背景等的不同，有些容易引起误会的称呼切勿使用。念错姓名更是不礼貌的行为。为了避免这种情况的发生，对于不认识的字，事先要有所准备；如果是临时遇到，就要谦虚请教。

对被称呼的年纪、辈分、婚否以及与其他人的关系作出错误判断时，要及时道歉并更正。有些绰号类的称呼在正式场合不适合使用。

2.运用敬语，礼貌待人

在与陌生人的对话中，要使用多一些的交际语，这样才能让对方产生好感，乐于跟自己交朋友。

在任何需要麻烦他人的时候，“请”都是必须挂在嘴边的礼貌语。如“请问”“请原谅”“请留步”“请用餐”“请指教”“请稍候”“请关照”等。频繁使用“请”字，会使话语变得委婉而礼貌，是比较自然地把自己的位置降低，将对方的位置抬高的最好办法。

正确地运用“谢谢”一词，会使你的语言充满魅力，使对方备感温暖。道谢时要及时注意对方的反应。对方对你的感谢感到茫然时，你要用简洁的语言向他说明致谢的原因。对他人的道谢要答谢，答谢可以用“没什么，别客气”“我很乐意帮忙”“应该的”来回答。

社交场合学会向人道歉，是缓和双方可能产生的紧张关系的一帖灵药。道歉时最重要的是有诚意，一句“对不起”能体现女人的谦和及宽容。

3.客套话，交际不可或缺的沟通良药

恰当地应用客套话，一方面能够体现女人的涵养，树立良好的个人形象；另一方面能让对方感觉到自己受到了尊重，从而产生愉快的心理，促使人际交往的顺利进行。

比如，两人见面互道一声“您好”“别来无恙”“久仰大名”“吃饭了吗？”“最近怎样”“好久不见，在忙什么？”等；做客探望客套话，如“请随意”“欢迎光临”“恕不远送”等；感谢致谢客套话，如“让您费心了”“请笑纳”“举手之劳”“不敢当”等；求助客套话，如“请多关照”“请指正”“多谢指教”“恳请”等。

074 幽默，让女人的语言锦上添花

幽默的谈吐是社交场合必备的智慧，幽默风趣的女人往往更受人欢迎。

女人的幽默不同于男人，它更多地来自于女人对生活的独特体验与理解，是一种点点滴滴中的智慧的释放。幽默的女人喜欢生活，懂得用自己的方式化解怨愤，用微笑放松自己，懂得用智慧增添自己的魅力，使交往更顺利，更自然，更融洽。

拥挤的公交车上，司机一个急刹车，男孩不小心踩了女人一脚，男孩惶惶然，赶紧说：“对不起，对不起！”女人却风趣地说：“不，是我的脚放错了地方。”

这样幽默味十足的女人，可以化解许多人际间的不和谐的情境，用智慧赢得周围人的尊敬。即便是错在自己，也能以幽默的语言缓和矛盾，使人怒气难生，让微笑变成两人间最短的距离。

女人又想出去买几件衣服，男人生气地说：“你不是都有我

了，还买那么多衣服打扮给谁看？”女人抛来一个妩媚的眼神，说：“就是因为有了你，才不能给你丢面子嘛。是吧？”男人心头暗喜，高兴地为女人奉上银行卡。

所以，女人的幽默不但是一种至高的智慧，还具有一种无形的穿透力，甚至比千言万语还来得有力。

一位青年男子在一家饭馆里吃饭。他点了一大桌丰盛的饭菜，等吃完了饭，他才对女经理说：“对不起，钱夹放在家里了，我现在不能付饭钱。”女经理不慌不忙地说：“那好吧！我相信你。为了使我记住此事，必须把你的名字写在门口的黑板上，同时记上你欠账的数目。”男士表示不满：“那不是每个人都看到我的名字了吗？”女经理微笑着说：“不必担心，我们会用你的皮大衣把你的名字盖住的。”

这位男青年只好拿出钱来，如数付清了欠款。女经理的幽默避免了事情的僵化，成功维护了饭馆的权益，也给员工和上司留下了自信、聪慧的好印象。

幽默是智慧的表现，是一种达观坚强的人生境界，是一种超越机智的处世态度。社交当中善于幽默的女人，往往可以交到更多的朋友，有幽默感的女人以睿智的眼光看待世事，并将这有趣可笑之处巧妙地传达出来，使听者粲然而笑。

075 掌握委婉说服的沟通艺术

委婉实际上可以说是一种修辞手法，即在讲话时不直陈本意，而是用委婉之词加以烘托或暗示。因为给人留了回旋的余地，因而就更有吸引力、说服力和感染力。女人通常都会善用委婉的方式来说服别人。

有一次居里夫人过生日，丈夫比埃尔用一年的积蓄买了一件名贵的大衣作为生日礼物送给爱妻。当她看到丈夫手中的大衣时，爱怨焦急，她既感激丈夫对自己的爱，又要说不该买这样的礼物，因为当时她的试验项目正缺一大笔钱。

她于是委婉地对丈夫说道："亲爱的，谢谢你！这件大衣确实是谁见了都会喜爱的，但是我要说，幸福是来自内在的。比如说，你送我一束鲜花祝贺生日，对我们来说就好得多。只要我们永远一起生活、奋斗，这比你送我任何贵重礼物都要珍贵。"这一席话使丈夫认识到花那么多钱买礼物欠妥当。

委婉是一种既温和婉转又能清晰地表达思想的谈话艺术，具有"言在此而意在彼"的神奇效果，能够诱导对方去领会你的话，去寻找那言外之意。从心理学的角度来看，委婉含蓄的话无论是提出自己的看法还是向对方劝说，都能比较适应对方心理上的自尊感，使对方容易赞同、接受你的说法。

林女士做公交车售票员十多年了，颇受乘客与单位领导的好评，因为无论遇到什么情况，她从来都没有发过火，她的声调永远是柔和的，嗓音永远是优美的，最重要的是她的语气是婉转的，让人听着就舒服。

一天傍晚，正逢下班高峰期，公交车上拥挤不堪，而这时又上来一位抱小孩的妇女。林女士像往常一样对乘客喊道："哪位同志给这位抱小孩的女同志让个座？谢谢了。"也许是太拥挤了，她连喊两次，仍无人响应。

林女士就站起来，用期待的目光看了看靠在窗口处的几位青年乘客，提高嗓音说："抱小孩的女同志，请您往里走，靠窗口坐的几位小伙子都想给您让座儿，可您得先过去。”

话音刚落，呼啦一声，几位小伙子都不约而同地站了起来让座。这位女同志坐下之后，只顾喘气定神，忘记对让座的小伙子道谢，小青年面有冷色。

林女士看在眼里，心里顿时明白，她忙中偷闲，逗着小孩说：“小朋友，叔叔给你让个座儿，你还不谢谢叔叔。”一语提醒了那位妇女，连忙拉着孩子说：“快，谢谢叔叔。”那位小青年听到小孩道谢，忙笑着说：“不客气，不客气。”

要想轻松说服别人，就要理解人们的合理需要，爱护人的自尊心，只有这样才能把话说到别人心坎里去。如果不能根据交际对象的心理，选择恰当的语言形式，话一出口先挫伤他人的自尊心，必然引起对方的不快，甚至争吵。

女人在使用委婉语时，也必须注意避免晦涩艰深，谈话的目的是要让人听懂，如果一味追求奇巧，会使他人很难听明白，甚至容易造成误解，必然影响表达效果。要做到语言含蓄需善于洞悉谈话的场合和目的，还要练就随机应变的本领，这样才会使你的语言得心应口，富有新意。

076 会说也要会倾听，做个好听众

如果你希望成为一个善于与人沟通的高手，那你就得先做一个会倾听的人。

学会聆听，做一个合格的聆听者，不仅是一种与人交往中的文明礼貌行为，也是表达对他人的欣赏和帮助他人建立自信心的重要

方式，同时也将有助于自己获取信赖，赢得友谊。一个会倾听的女人，在他人面前会魅力倍增。

1.倾听时要有良好的精神状态

良好的精神状态是倾听质量的重要前提，如果沟通的一方萎靡不振，是不会取得良好的倾听效果的，它只能使沟通质量大打折扣。良好的精神状态要求倾听者集中精力，随时提醒自己交谈到底要解决什么问题。听话时应保持与谈话者的眼神接触，但对时间长短应适当把握。如果没有语言上的呼应，只是长时间盯着对方，那会使双方都感到局促不安。

2.使用开放性动作和开放式态度

开放性动作是一种信息传递方式，代表着接受、容纳、兴趣与信任；开放式态度是一种积极的态度，意味着控制自身的偏见和情绪，克服思维定势，做好准备积极适应对方的思路，去理解对方的话，并给予及时的回应。

热诚地倾听与口头敷衍有很大区别，它是一种积极的态度，传达给他人的是一种肯定、信任、关心乃至鼓励的信息。

3.及时用动作和表情给予呼应

倾听时，可以使用各种对方能理解的动作与表情，表示自己的理解，传达自己的感情以及对于谈话的兴趣。如微笑、皱眉、迷惑不解等表情，给对方提供相关的反馈信息，以利于其及时调整。

当别人在说话时，眼神飘忽不定是最糟糕的事情，要常常地点点头给予肯定。适当时刻可以补充几句话，表明你对对方谈话内容的理解，最简单的方法是重述并强调。

4.适时适度地提问

适时适度地提出问题是一种倾听的方法，它能够给对方以鼓励，有助于双方的相互沟通。

倾听是我们对别人最好的一种恭维。优雅的女人要会倾听，善于倾听，才会处处受到欢迎。

077 温言软语打动天下男人心

许多男人都是被女人打败的，但女人很少是依靠力量，至少99%以上依靠的还是以柔克刚的智慧，而温言软语便是这种以柔克刚的有力法宝，更是以退为进的一种战术。

一天，正忙着写程序的小于接到老婆的电话。因为他的手机扬声器开着，办公室里的每个同事都可以清清楚楚地听到他和妻子的对话。

小于十分不耐烦地说："什么事情？我正在工作！"电话那边娇滴滴地回答说："你中午回家买菜哦，我想吃青椒炒鱿鱼了。"

小于一回头，见大家都盯着他，便故意要些大丈夫威风："中午我不回家了！朋友约我出去喝酒！"

电话那头的声音依然是娇滴滴、软绵绵的："你不回家啊，那我一个人怎么吃饭啊？"小于这才犹豫了一下，说："好吧，我还是回去给你做饭吧。"

一屋子的女人都瞪圆了眼睛，七嘴八舌地议论小于的老婆有福气。小于说："就是有福气。我天天在家给她洗衣服、做饭……"

倘若厉声厉气，想必故事里的小于肯定不会屈服。正是女人那几句温言软语，拨动了男人心底那根柔软的弦，所以才赢得老公人前人后效力。正像一位诗人所说的，"女性向男性'进攻'，温柔常常是最有效的常规武器"。

能攫取男人心的都是细语柔声、甜言蜜语的声音，最受男人欢迎的女人的声音是温顺、轻柔的声音。聪明女人会在悦耳的声音中注入温柔的力量，让声音形成迷人的风景。这样的声音是最有力的，它能够熔化男人的钢筋铁骨。

男人纵然是钢筋铁骨，听到了女人的柔声细语，也许仅仅只是一声低唤，一阵呢喃……就会心甘情愿地醉倒在女人温柔的声音里，不愿醒来。

在舞台和电影里，低沉的女声只有两种：一种是农妇，声音粗犷而沙哑；一种是美女蛇，声音甜蜜而沙哑。二十世纪四五十年代，银幕上的玛丽·黛德丽与劳伦·巴考尔的低沉沙哑、果断又婉转的语调，让男人们爱恨交加、魂不守舍，一时成为女士们争相模仿的对象。

对男人来说，温柔是酒，只饮一滴，就可回味一生。作为女人，不要在男人面前显示你的强势，甚至大声地斥责他。说话的声音轻一点，柔一点，他自会乖乖成为你的俘虏。

不幸的是，有许多女人并不知道温柔是女性特有的力量，也不知道温柔是一种可以克刚的武器，她们害怕失去自己在男人心目中的地位，为了维护这种地位，她们常常抛弃温柔，对男人颐指气使，动辄大声呵斥，女性的优雅尽失。

唯有女人温柔的细语才是维护婚姻最有力的武器，就像一双纤纤细手，只是轻轻一抚，再强悍的男人也会被征服的。

Chapter 8

心平气和，爱笑的女人不显老

女人有一个幸福的心态，才能始终以积极的方式面对生活中的酸甜苦辣。女人可以不美丽，但不可以不幸福，而能否获得幸福，取决于你那一念之间的选择以及对选择的态度。

078 心态平和的女人生活最幸福

女人不要总是去抱怨什么，而要时时保持平和的心态，把自己变成幸福的主人。生命的质量取决于每天的心态，女人对幸福的感觉来自于健康的心态。

心态平和的女人不是柔弱的，而是坚强和乐观的写照。在失望的时候会对自己说一句“没什么”；在阴郁的日子里，会笑着说“会好的”。这并非放纵所有的过错，只是拒绝沉溺。对于一个有修养的女人来说，心态平和可以使自己更幸福、更迷人。

1.情绪影响女人的幸福指数

轻松、愉快、乐观等良好情绪，不仅能使人产生超强的记忆力，而且能活跃创造性思维，充分发挥智力和心理潜力。而焦虑不安、悲观失望、忧郁苦闷、激愤恼怒等不良情绪，会影响着对幸福的理解。

女人应学会做自己情绪的主人，培养愉快的心情，调节好自己的情绪，提高适应环境的能力，保持乐观向上的精神状态。以积极的心态看待一切事情，就是快乐的。每天总是乐呵呵的，身边的人也会受良好情绪的影响而感到开心。因为情绪是可以感染的，所以，控制好情绪十分重要。

2.幸福女人不生气：少生闲气，不生闷气，降低怒气

闲气是由生活琐事而生的不该生的气。闷气是有气不发，强憋在心里的气。怒气是因情绪冲动或行为过激而爆发出来的恼怒之气。女人大多爱生气，而闲气、闷气和怒气可以说是生活中最常见的生气状态。俗话说，气大伤身，生气对身体健康是不利的。女人要学会颐养身心，做到不生气。不生气是女人的修养，体现的是女人的气度和胸怀。女人应该学会控制自己的情绪，碰上了不愉快的事，要学会给自己“消气”；确实遇到烦心的事，也要“戒”字当先，戒除恼怒。遇事冷静、待人宽厚并能适当克制自己的情绪，做到心平气和，这样的女人离幸福最近。

3.心态平和的女人一定拥有宽大的胸怀

女人要怡养身心，就要下功夫修炼品行，学会宽厚待人，谦逊处世。要做到心胸开阔，宽宏大量，对一些细枝末节的小事不斤斤计较、耿耿于怀。要怡养身心，还要学会息怒，善于控制和调理自己的情绪，只有这样生活才会快乐、轻松。能够拥有平和心态的女人，性情是温顺的，待人是宽容的，不会伤害别人，也不会伤害自己。而心态做不到平和，心理就容易失衡，不仅习惯伤害别人，也拿别人的错误惩罚自己。

4.女人养心有三宝：不焦躁、不自扰、少烦恼

女人应该学会管理自己的情绪，做自己情绪的调节师，摆脱不良情绪，让快乐占据心灵。焦躁不安，坐卧不宁，会让女人的心疲累；无端的烦恼、莫名其妙的忧虑甚至庸人自扰，都是破坏美好心情的大敌，是女人心灵上的沉重负担。一个总是感到烦恼的女人不会给别人带去快乐，一个心事重重的女人会让自己衰老得更快。所以，女人要让自己永远具有魅力，先要修养心灵，除掉束缚心灵上的沉重负累，才能由内而外散发出健康和活力。

079 千万不要让情绪绑架了心态

对于现代的女性来说，身兼两职，既要在家相夫教子，又要出去闯荡，在自己的工作岗位上顶“半边天”，因此，压力对于一个现代女性来说，很多时候比一个男士还要重。在拼搏的道路上，难免会碰到一些挫折和委屈，因此，对于她们来说，情绪不稳定是非常正常的事情。

可是，情绪不稳定是客观的，是否表现出来则是一种主观性很强的举动。一个能带给周围人幸福的女性绝对不会在对方面前表露出一点的愤怒，哪怕是语言上的或者是形体上的，因为她明白，只要流露出一丝愤怒之情，都会破坏她的好心态。

首先要明白一点：我们的愤怒是有理由的，但却是无济于事的。

也许我们心里有太多的委屈、经历了太多的挫折，甚至是受到了太大的压力，这一切都可能成为我们发怒的原因，可是发怒对于这些原因来说是无济于事的。在你发完怒之后，你的委屈并不会因此减少，你的挫折还同样存在，甚至你的压力会越来越大……这一切并没有因为你的发怒而向好的方面转变。

发怒对于事情本身并没有任何作用，明白了这一点，你下一次即将发怒的时候就会“三思而后怒”。

记住下面的幸福女人的秘诀，让快乐的心情时时陪伴你。

1.培养“铜钱”性格

有一种女性的性格犹如铜钱，外圆内方，在温柔如水的外表下，跳动着一颗坚强的心。她们摆脱了幼稚，从不摆出一副盛气凌人的女强人的面孔，也从不以为这样就是坚强。她们知道，刻意追求的强悍，与自己真正的内心强大反差太大，是毫无韧性的坚硬。

恰巧相反，她们懂得用最温柔的行为出击，争取最合理的待遇与最合适的位置。而且，聪明的她们从不像工作狂那样抛弃男人与爱情，她们懂得用理智的心理去体会爱情的美妙滋味，充分享受爱情带来的甜美，但从不依赖爱情；她们从不控制情感，却知道如何把它向美好的目的地引导。男人亲近她们，却从不敢轻侮她们。

2.幽默是最好的手段

脸上的笑容不仅传递着心里的欢愉，也是赠送给世界的一份美好礼物，因为笑容可以传染。没有幽默的智慧，不懂得自嘲，心事郁结于心，拥堵于胸，一生得不到快乐。成功女性知道幽默，知道自我开解，知道原谅，知道如何让自己放轻松。因为，她把快乐放在自己手心，不受别人的言行所影响。

3.家庭事业两平衡

成功女性是走钢丝的高手，善于在家庭和事业之间求得平衡。眼见险象环生，忽地来个漂亮翻身，又是一副悠然美态。她们不是一成不变的角色，懂得在职业女性与贤妻良母之间进行角色的转换，什么场合，什么角色，泾渭分明。

女人不可能一直都有好情绪，但一定要时时都有好心情。遇上坏情绪的时候，要操纵好情绪的转换器。面对无法改变的不幸或无能为力的事，就抬起头来，对自己大喊："这没有什么了不起，它不可能打败我。"或者耸耸肩，默默地告诉自己："忘掉它吧，这一切都会过去！"

080 老去的是岁月，年轻的是心态

当女人慢慢地衰老时，有的人开始恐慌了，有的人开始悲哀了，有的人甚至敏感到不愿意触及年龄问题。这其实是掩耳盗铃式的自欺欺人。

年龄逐渐增大确实是必然的，首先必须要懂得这个道理。但年轻却不一定必然远去，就看怎么理解年轻了。年轻其实是一种心态，如果能保持一颗年轻的心，使年龄的增长成为一个健康、快乐的过程，那么90岁的人也一样可以展现年轻的面貌。况且，上了年纪的女人逐渐摆脱工作的烦恼，逐渐摆脱生活的困扰，能够拥有更多的自由，可以生活得更加自在。

你可以去办张健身卡，经常进出健身活动中心锻炼身体；你可以去买张月票，经常进出歌舞厅唱歌跳舞；你可以拿出少量积蓄投资股市用玩味的心态磨砺自己的心智；你可以投入一些精力喂养一只小猫小狗延续你的爱心；你可以学习形象设计让自己看上去年轻几岁；你可以购买时尚的服饰提高自己的生活质量；你可以结伴而行去游览祖国的大好山川……

要知道，老去的岁月我们无力阻挡，可是年轻的心态我们可以拥有。当一个年老的女人拥有年轻的心态时，那么青春、美丽就会伴着她看日落西山，望夕照云霞。

年轻的魅力是无穷的，每个女人都无限地向往和追求青春。但是，人自出生的那一天起，便注定了要从生长发育走向衰老，直至生命的终点。没有人可以抗拒衰老，要想最大限度地使自己保持年

轻，或让自己看上去显得更年轻，就要尽可能地延长变老的期限，保持良好心态，才能简易高效地保持健康。

女人由于生活紧张、工作繁重、竞争激烈而最易引起心理失衡。“活得很累”是女人常挂在嘴边的一句话。心理学家认为，人之所以感到疲劳，首先是情绪使我们的身体紧张，因此必须要学会放松，让自我从紧张疲劳中解脱出来。

人一生中都会经历许多成败得失、恩怨情仇，也会执着于功名利禄、爱憎取舍中，但我们要学会控制欲望，把这些东西看淡一些，努力让自己宽容、豁达、自在起来，做到得意不猖狂，失意不沮丧，始终保持一个好心态。因为物随心转，境由心造，烦恼皆由心生。

人生在世，财富地位不可能人人平等，但在健康快乐面前，却是人人平等的。只要我们善于在平凡的生活中寻找生活乐趣，你的心理就会保持平衡，生理也能得到稳定，有了一个稳定的心态就会有好心情，有了好心情就会开心快乐。只要保持一个年轻的心态，你就会有良好的心境，就能回到生命的第一状态，永葆年轻活力。

081 好心态，幸福像花儿一样绚丽

每一个女人都向往幸福，常常有女人问，怎样才能拥有幸福？做什么工作最幸福？嫁个什么样的人最幸福？其实，一个人生命的质量取决于每天的心态，女人的幸福感来源于好的心态。

独立、平和、感恩、善良、宽容、坦然，女人一旦拥有了

这些心态，无论从事什么职业，家庭是否幸福，孩子是否出色，她的眼神都会清澈，神情都会自信，都会用细腻的心思去感受周围的一切。她的生活会因此充满温暖的氛围，周围的人都喜欢与她在一起，感受她带来的愉悦气息，这样的女人，怎会不幸福呢?

著名女作家塞尔玛在成名前曾陪伴丈夫驻扎在一个沙漠的陆军基地里，丈夫奉命到沙漠里去演习，她一个人留在基地的小铁皮房子里。沙漠里天气热得受不了，而且她远离亲人，身边只有墨西哥人和印第安人，而他们又不会说英语，没有人和她说话、聊天。

她非常难过，于是就写信给父母，说受不了这里的生活，要不顾一切回家去。她父亲的回信只有两行字，但它们却永远留在她心中，这句话完全改变了她的生活：两个人从牢中的铁窗望出去，一个看到泥土，一个却看到了星星！

塞尔玛反复读这封信，觉得非常惭愧。于是她决定要在沙漠中找到星星。她开始和当地人交朋友，而他们的反应也使她非常惊讶，她对他们的纺织、陶器表示感兴趣，他们就把自己最喜欢但舍不得卖给观光客人的纺织品和陶器送给了她。

塞尔玛研究那些引人入迷的仙人掌和各种沙漠植物，又学习了大量有关土拨鼠的知识。她观看沙漠日落，还寻找海螺壳，这些海螺壳是几万年前沙漠还是海洋时留下来的……原来墨西哥人难以忍受的环境变成了令人兴奋、流连忘返的奇景。

沙漠没有改变，墨西哥人、印第安人也没有改变，是她的心态改变了。一念之差，使她原先认为恶劣的生活环境变为一生中最有意义的冒险。她为发现新世界而兴奋不已，并为此写下了《快乐的城堡》一书。

女人怎样才能保持一种良好的心态呢?

1.选择好你的目标，即弄清楚自己到底需要达成什么样的结果

信念与态度之间是因与果的关系，信念是因，态度是果，即有什么样的信念，就有什么样的态度。把焦点放在你的目标上，也就是说凡事要积极思考，将注意的焦点完全集中在你最终想达到的那个目标上，千万不要放在你不想要或得不到的地方。

2.拥有良好的心态，要学会忘记、宽容过去

不原谅，等于给了别人持续伤害你的机会。要敢于向前，以柔克刚，宽容大度，反应得体，推己及人，勇于承认自我。如果不善于妥协，对当前状况不满意，那你就会永远生活在痛苦中。

3.养成一种习惯，善于发现生活中美好的方面

学会欣赏每个感动的瞬间，热爱生命。爱人者人恒爱之，敬人者人恒敬之。懂得关怀获得朋友，懂得放心获得轻松，懂得遗忘获得自由。活在当下，心态阳光，相信未来一定会比现在更美好，学会微笑前行。

保持平和健康的心态，才能使自己随时随地散发光彩。缺少阳光的日子很阴郁，对自己说“没什么”；失去朋友的生活很寂寞，笑着说“会好的”。并非放纵所有的过错，只是拒绝沉溺，自己安慰自己。失去所有依靠的时候，要抱紧自己，温暖自己。寒冷的时候，让我们自己取暖，不哭泣！

082 一颗平常心，化解万般不如意

自古以来，十有九输天下事，百无一可意中人。生活中总是会有很多的不如意，为什么工作这么辛苦？为什么孩子这么调皮？为

什么总是这么倒霉？……这些大大小小的不如意困扰着女人们，剥夺了她们的快乐和笑容。

坐观天上云卷云舒，淡看庭前花开花落。女人天生最爱敏感多愁，要学会放松心情。在生命的旅途中，病痛、绝望、灾难、不幸都会不约而同地向人们逼近，让人陷入无奈的困境。只有坦然面对生活中的所有不如意，绝境中仍然抓住一丝快乐的女人，才能真正领悟到快乐的真谛。

女人面对不如意时更容易愤怒或者冲动，不妨借鉴以下几种方法，以一颗平常心化解人间万般不如意。

1.往事已经成为过去，不要回首往事

人一碰到坎坷，免不了抚今追昔。但是，在这种情景下就容易产生消极情绪。从心理学角度来说，回忆是一种心理压力的来源。当然，回忆的滋味因人而异、因景而异，不过当回忆袭上心头时，总是别有一番滋味，不论是辉煌的过去，还是灰暗的昔日，回忆都不会是一种美好的享受，是甜的已随岁月的流逝而变淡，是苦的更会由于翻老账而变涩。所以，少回忆往事，你的心里就会轻松许多。

2.事物都有两面性，不要只盯着坏的一面

任何事物都具有两面性，有利有弊，不可能有利无弊，也不可能有弊无利。聪明的女人，知道分清哪个利大，哪个弊小，从而“择其大舍其小”。当每个人作出选择时，都是要争取趋利避弊。只有利大于弊，只要从长远看是如此，就应当舍去暂时“优越”的“小利”，而去追求潜在的有发展前途的“大利”。

如果在选择之前心理早已有个“准绳”：有利有弊才是真正的现实，利弊相当是幸事，那么就不会因为失去而失落，不会因为得到而狂妄。这样面对生活，内心肯定是坦荡的。

3.忧愁是一种个人感受，设法想象更糟糕的状况

在心灵重创中，忧愁无疑是一个罪魁祸首。要想驱赶这个“杀手”，可以采取“以毒攻毒”的方法。当忧愁袭来时，你可以设想比你更糟糕的境遇，也许你的忧愁就驱散了。当你意识到世上有比你更艰难的情况时，你的心里就会豁然开朗起来。

083 战胜孤独，与快乐为伴

孤独是女人最可怕的敌人，她们害怕自己会孤立无援，因此心灵也变得脆弱。人是最需情感交流的。特别是女人，内心世界的封闭使女人无法通过情感交流建立真正的友谊，友情的缺乏使她们陷入一种强烈的孤独感。对于自己内心的感受，正如有的女人所描述那样：“在这个世界里，我感到孤独、忌妒、愤怒、紧张。”也正是这种孤独感和对他人的排斥感加剧了情绪危机。

那么，我们如何面对孤独的痛苦，如何无惧地面对那种我们都很清楚的空虚感？

1.多与外界交流，不做封闭的自己

独自生活并不意味着与世隔绝，虽然客观上与外界交流有困难，但依然可以通过某些方式达到交流的目的。如当你感到孤独时，可翻翻旧日的通讯录，看看你的影集，也可给某位久未联系的朋友写信、挂个电话或请几个朋友吃顿饭，聚一聚。当然与朋友的交往和联系，不应该只是在感到孤独时，要知道，别人也和你一样，需要并能体会到友谊的温暖。

2.多与人交往，不做孤单的自己

与人们相处时感到孤独，有时会超过一个人独处时的10倍。这是因为你和周围的人格格不入。例如，你到了一个语言不通的地方，由于你无法与周围的人进行必要的交流，也无法进入那种热烈的情感中，所以，你在周围热烈的气氛中会感到孤独。因此，在与别人相处时，无论是什么样的情境下，都要做到“忘我”，并设法为他人做点什么，你应该懂得温暖别人的同时，也会温暖你自己。

3.学会享受生活，摆脱内心的苦闷

生活中有许多活动是充满了乐趣的。只要你能够充分领略它们的美妙之处，就会消除孤独。如有些人遇到挫折，心情不好，但又不愿与别人倾诉时，常常会跑到海边或空旷的田野，让大自然的清风尽情地吹拂，心情就会逐渐开朗起来。

4.确立人生目标，让生活不空虚

现代人越来越害怕自己跟他人不一样，害怕在不幸时孤立无援；害怕自己不被人尊重或理解。这种由激烈社会竞争导致的内心恐慌，无疑使女人越怕越孤独，心灵也越脆弱。要克服这种恐慌与脆弱，必须为自己确立一些人生目标，培养和选择一些兴趣与爱好。女人活着有所爱，有所求，就不怕寂寞，也不会感到孤独了。

084 不抱怨的女人离幸福最近

很多女人都爱抱怨，她们在家里操持所有的事情，然后一脸苦楚地向周围人声讨。在女人的生活中，发几句牢骚本来是一种宣泄情绪的方式，可是如果让抱怨成为生活的常态和固定的模式，就会徒增不少烦恼。

男人一回家，听到的是女人的唠叨声、埋怨声和不高兴、发脾气的大喊大叫声，就会不假思索想要逃离女人，他们会去洗澡、加班或者一个人出去喝闷酒。

曾经有人统计过，女人一生说话的时间是男人的几倍。她们对着丈夫滔滔不绝，无所不谈，恨不能一刻不停。男人不但要听，还不能说话，以免打断女人的话茬。这种局面久了，再爱的男人也会厌倦。美国作家米勒告诫女人们，成功的婚姻与普通的婚姻之间的区别，即是一天中少一点抱怨。

很多时候，男人在外面遭受了挫折，回家就会向女人倾诉衷肠，这说明你是他最亲密、最信任的人，这时候你如果一点也不耐烦，反而喋喋不休地抱怨自己的苦处，就会让他们原本沮丧的心情雪上加霜。

其实，一句抱怨，不如一个充满爱意的眼神；一句抱怨，不如一杯淡淡的茶水；一句抱怨，不如一个亲昵的动作。

多聆听男人的心声，领会他们的心思，分享他们的苦楚。有时并不需要你付出什么，只是一句安慰的话，就可能让男人摆脱烦恼，温暖一辈子，感激你一生；有时女人只是一个体贴的动作，就可能让男人消除怨气，甘为牛马，对你好一辈子。

狄斯瑞利曾经说：“我一生或许有过不少错误和愚行，可我绝不打算为了爱情而结婚。”果然，他履行了自己的诺言，35岁时，他向一位年长自己15岁的寡妇玛丽安求婚。这不是爱情，他看中了寡妇的金钱。已年过半百的玛丽安明白他的心思，请他等一年，她要考察他的品性。一年后，两人结婚了。

利用婚姻进行交易历来都不新鲜，可是，出乎所有人意料的是，这桩婚姻竟然被人称颂为最美满的婚姻之一。

玛丽安既不年轻，也不漂亮，学识浅薄，衣着古怪，不懂家务，经常说错话，她似乎具备了女人所有的缺点。可有一样她却是天才，她懂得如何呵护自己的婚姻。

她从不让自己所想到的与丈夫的意见相反，每当狄斯瑞利与那些反应敏锐的人物交谈之后，筋疲力尽地回到家时，她会给他一个安静的休息。没有盘问，没有抱怨，只有相敬如宾的气氛和静静休息的地方。

每当狄斯瑞利从众议院匆匆回来，跟她述说白天所看的、所听到的新闻时，她会微笑着倾听，并对他的想法或建议表示完全地支持。是的，她支持自己的丈夫，凡是他努力的事，她绝不相信会失败。

狄斯瑞利觉得与年长的太太生活在一起，是他最愉快的时光，她成了他的贤内助，他的顾问，他的亲信。

有一天，狄斯瑞利对玛丽安坦诚自己的心迹，说："你知道，我和你结婚，只是为了你的钱？"玛丽安笑着回答："是的。但如果你再一次向我求婚，一定是为了爱我，对不对？"狄斯瑞利点头承认。

两人共同度过了30年岁月，玛丽安认为，她所有财产有价值的原因，是因为给了狄斯瑞利安逸的生活。而狄斯瑞利则把她看作心中的英雄，陈请女皇封授玛丽安为贵族。

故事中的玛丽安既不年轻又不漂亮，似乎没什么优点，可是她却牢牢抓住了狄斯瑞利的心，因为她是个幸福的女人，善于倾听爱人，却从来不抱怨。

幸福的女人不抱怨，抱怨不如改变，抱怨不如修炼。女人不抱怨，悦人又悦己；女人不抱怨，心宽路也宽。从灰色的心情中走出来，永远不要怨恨地声讨“凭什么”，拥有阳光心态，去拥抱快乐，去给生命增添色彩。给自己的内心注入欢喜的力量，善待自己，幸福就会飞扬起来。

085 解除多疑、忌妒和虚荣三大心魔

多疑、忌妒和虚荣，可以说是女人心态上的三大心魔。

1.女人多疑的心灵处方

有些女人疑心病较重，乃至形成了惯性思维，导致了心理变态。女人如果心胸过于狭窄，对同事、朋友乃至家人无端猜疑，不但会影响工作、影响人际关系、影响家庭和睦，还会影响自己的心理健康。因此，消除猜疑之心是保持女人心理健康的方法之一。

当女人心生疑虑时，应该首先停止对猜疑的方向思考，更不能轻易地妄自论断。多疑心的女人应理性地问自己：为什么会疑心？为什么要这样想？理由是什么？在做出决定之前，多想想以上这些问题，有利于冷静思索，从而打消疑虑的念头。

性情多疑的女人其实是对自己的不自信。发现自己的优点，增强自信心，可以减少疑虑，改掉疑心病。每个人都不是完美的，都有自己的优点和不足。不要只看到自己的缺点和别人的优点，多发现自己的优势，不但有助于培养自信心，相信自己有能力给他人一个良好的印象，还可以增强人际间的信任。

在人生旅程中，难免遭到别人的议论和流言，不必放在心上，不要在意他人的议论，这样不仅解脱了自己，而且产生的怀疑也会烟消云散。

有些猜疑来源于相互的误解，如果是这种情况的话，就应该通过适当的方式进行沟通和交流。通过谈心，不仅可以使各自的想法为对方了解，消除误会，而且还能避免因误解而产生的冲突。

2.女人忌妒的心灵处方

忌妒是痛苦的最大制造者，也是婚姻的最大破坏者，更是心灵上的一颗毒瘤。

树立正确的价值观。女人的魅力并不是用来和别人进行攀比的，所以女人之间争风吃醋的行为是有失修养的。因此，当发现别人在某一方面超过自己的时候，一定要告诉自己，自己肯定也有某一方面超过对方。用这种办法树立正确的价值观，就会肯定别人的成绩，并且虚心地向对方学习优点和长处。一个心理健康的女人，不应该常怀忌妒心，而是胸怀宽阔，光明磊落，即便看到别人在某些方面超过自己，也不会眼红，只会衷心地表示祝贺。

3.女人虚荣的心灵处方

虚荣心会让女人失掉性格的本真和原有的可爱，有虚荣心的女人会变得急功近利，甚至心态扭曲。有虚荣心的女人在面对自己成绩的时候总是保持一种玄虚的状态，不愿意让别人知道自己的成功，并且担心别人超过自己，从而给自己造成威胁。因此，无论是成功之前还是成功之后，虚荣都会让女人的心灵痛苦，没有幸福可言。

如果想成为一个优雅的女人，就得抛弃虚荣心。崇尚高尚的人格可以使虚荣心没有抬头的机会，当然，这需要很长时间的心灵修炼。

克服盲目攀比的心理，不让虚荣心作祟。俗话说："人比人，气死人。"如果经常拿自己的缺点去比较别人的优点，心理永远都无法平衡，而在不停的攀比中会滋生强烈的虚荣心。虚荣心强，心理不平衡，很容易让自己建立起来的优雅风度瞬间尽失。跟别人做比较，不如跟自己做比较。跟自己的过去比，跟自己每一阶段的进步程度做比较，就可以知道是进步还是倒退。在自我比较中，找到自己的价值所在。要想不因为强烈的虚荣心而使自己饱受身心的折磨，就应该追求真善美，做到知足常乐，以平常心看待一切，这样才能让自己的心境趋于平和。

086 幸福就是不为物质所累

世界之大，身外之物何其多，女人都会有欲望，有不满足之处。欲望是无止境的，到达一层时还想攀上更高一层。欲望是心魔，人们争先恐后地追逐物质利益，而结果常常难以令人满意。此时，比劳碌的身体还要疲惫的是那颗总要索取的心。淡泊是一种疏于名利、轻于物质生活的高尚境界。名利算什么，寂寞身后事；金钱算什么，生不带来，死不带去。

淡泊，即恬淡寡欲，不追求名利。清末张之洞的养生名言说“无求便是安心法”；当代著名作家冰心也认为“人到无求品自高”。这说明，淡泊是一种崇高的境界和心态，是对人生追求在深层次上的定位。

大部分人误以为金钱是幸福的象征。也许你正羡慕着别人的洋房、洋车以及手里大把大把的钞票。但太多的例子证明，钱并不能使人感到最大限度的幸福。你可以用钱买来舒适的床铺，但买不来良好的睡眠；可以用钱买来高档的化妆品，但买不来美丽；可以用钱买来漂亮的房子，但买不来幸福的家；可以用钱买来昂贵的保健品，但买不来健康。

当满大街的女人们都举着“物质”的标签，号称是“愿意做一个住房车的虚伪女人，而不愿意做一个骑自行车的诚实女人”以及“不知道物质是否推动世界前进，起码它一直在推动我前进”的时候，社会越来越呼唤女人本性的回归。

被物质所奴役的女人，多半虚荣心很强。这种虚荣心强的女人，至少受到两种折磨：一是没有达到目的之前，为自己不如人的现状所折磨，这是一种等待的折磨，更是一种不如人的折磨，这种痛苦是难以言状的；二是达到目的之后，为惧怕自己的真相暴露所折磨。因为有虚荣心的人在面对自己成绩的时候总是保持一种掩饰的状态，不愿意让别人知道她是怎么成功的，唯恐别人知道了这个途径之后也会走向成功，从而给自己造成威胁。

因此，无论是成功之前还是成功之后，她们的心灵总是痛苦的，是没有幸福可言的。幸福不是写在你脸上的，而是自己从心底感觉到的。

一个女人追求真善美，就会让自己的心境趋于一种平和，也就不会通过虚荣心来炫耀自己，就不会徒有虚名。于丹说：“只有真正的贤者，才能不被物质生活所累，才能始终保持心境的那份恬淡和安宁。”淡泊的心境不是要放弃理想和追求，而是要女人在自己有限的时间里，做一个踏实真诚、有自己追求的女人。

太多的时候，我们的生命处于被遗忘的状态。太刻意于外在的东西，内在的东西便淡化了。事实上，在上天赐予我们生命的时候，也赋予了我们快乐的能力。

不为物质所累、追求淡泊人生的女人，使人如听箫音般袅袅悠扬。你会随着她远离这个混乱的尘世，和她一同步入宁静的天宇，淡泊名利，无争无夺，一切自然而脱俗。

淡泊人生，并非没有追求，没有理想，没有奋斗。而是一个女人甘愿沉浸在静默的心海里，在平中寻找纯美，在淡中感悟深情。无语地奉献，默默地拼搏，撒一路真情，播一路希望，就是她一生追寻的最高境界。

做个不为物质所累的真实女人，默默释放着自己清淡的幽香，用淡然的情怀来感受平淡朴实的生活！

087 舍得，让心灵轻装启航

一个女人的一生，就像花园中的小径，充满了岔路。在这小径的岔路口，你究竟是要选择娇艳怒放的玫瑰，还是清香淡雅的茉莉？而在人生的岔路口，你是要选择眼前浪漫四溢的爱情，还是为了将来的成功而忍受寂寞？是选择家庭生活的温馨，还是选择事业的成功？这一个又一个的选择，决定了女人或幸福或挫折的一生。女人可以不美丽，但不可以不幸福，而能否获得幸福，常常取决于你那一念之间的抉择。这种选择，需要智慧。

选择就意味着放弃，因为有舍弃才能有所得。“舍得”并不是指丢弃一件具体的东西，而是一种态度。也就是说，为了更好的自己，要果断地学会适当放弃心灵的包袱，才会更从容地生活。

“舍得”既是一种处世的哲学，也是一种做人做事的艺术。所谓有“舍”才有“得”，有时候舍弃并不一定就会是坏事，为了得到自己想要的，甚至还必须得“忍痛割爱”一番。

女人出于优柔寡断的天性，常常无法割舍那些本该放弃的东西，从而失去了选择的主动，甚至因为做出了错误的选择而付出巨大的代价。而能够勇敢地进行选择的女人，则能够把握住生命中真正宝贵的财富，收获家庭、爱情和事业的硕果。所以，你想得到，就必须学会放弃。

生活有时候是残酷的，活着需要勇气。有时候生活会逼迫你妥协，逼迫你放弃一些东西，使你不得不交出权力，或者不得不放弃机会，甚至抛下爱情、家庭等。每个人一生当中都会有很多梦想，但不是每个梦想都能实现。如果面对一段不愉快的婚姻，在经过慎重思考后结束婚姻关系是对双方的一种解脱，那么放弃就是一种明智的选择。

生活中值得我们追求的东西很多，如果一味地纠缠那些毫无意义的事情，拼命地追求本该放弃的，本该苦苦追求的却毫不足惜地放弃，到头来竹篮打水一场空。如果说执着是一种精神，那么放弃是一种勇气和境界。

得不到的或不该得的，就该果断放弃。扔掉扰心的烦恼，忘记失败的沮丧，封藏痛苦的记忆，坚定地把许多不美好的过去踩在脚下，留在身后。及时调整心态，坦然面对失去，正确看待失去，学会忍受失去，让胸襟更豁达一些，让眼光更长远一些。

放弃是一种坦荡的心境，更是一种勇气和魄力。虽然永不放弃的信念往往会激励人们前行，但有的时候，放弃却是更加明智的选择。有得就有失，得失之间的取舍不可能两全，我们应该明白，该放弃时不放弃的后果会使情况变得更糟。如果没有担当，优柔寡断，那无可奈何花落去的悲伤将与我们随时相伴。在患得患失中，稍纵即逝的机遇将会使我们抱憾终生。生命如舟，载不动太多的物欲和虚荣，要想使之不至于中途搁浅，就必须放弃那些人生的累赘。

088 学会在压力中释放自己

人们很多时候总是把根本就没有发生或者现在不会发生的事情当成一种压力防备着，这就是压力的来源。

每个人都会存在着或大或小的压力，而怎样面对压力、缓解压力以及和压力共处，是对个人心态和心理因素的一个重要的考验。

1.面对现实，学会适应

人们常常倍感压力的沉重，其实是还没有学会怎样适应它。在竞争的压力下，会感到能力的不足；在他人的压力下，会觉得自己很渺小；在财富的压力下，自己变成了金钱的奴隶等。生活中存在着各种各样的压力，如果能摆正心态，客观地看待这些压力，就能很好地处理一些事情。

面对现实，是缓解压力的有效方法。对自己有一个客观的恰如其分的评估，可以减轻压力，让自己与别人的差距看起来不大。接受现实的自我，选择适当的目标，寻求良好的方法，不随意退却，不做自不量力之事，才可以避免心理冲突和情绪焦虑，使人心安理得，获得心理健康。心理健康的职业女性总是能与现实保持良好的接触，能发挥自己最大的能力去改造环境，以求外界现实符合自己的主观愿望；即使在力不能及的情况下，也会另择目标或重选方法以适应现实环境。

2.释放压力，与压力和平共处

与人倾诉是消除压力的好办法。当心情不能平静、压力巨大的时候，可以和别人进行交流。把心中不高兴的事情对亲朋好友说一说，和朋友倾诉一下心事，和同事一起寻找解决问题的对策，这样心里郁结的困难和疙瘩就解开了。心里没有了负担，心情自然豁然开朗。

乐于与人交往，和他人建立良好的关系，有助于女性的心理健康。拥有良好的人际关系，不仅可以得到帮助和获得信息，还可使自己的苦、乐和能力得到宣泄、分享和体现，从而促使自己不断进步，保持心理平衡、健康。

工作的最大意义不限于获得物质生活的报酬，而是能表现出个人的价值，获得心理上的满足，提高个人的社会地位。但工作中情绪紧张而又不善于放松调整，就会形成工作压力。所以，合理地安排休闲放松的时间，比如参加郊游、聚会、参观展览等，可以使身心放松。

将忧愁痛苦释放出来也是保持良好心境的一种方法。当遇到委屈或不幸时，可以痛哭一场。心理学家指出，哭是一种心境的保护措施，能使不良情绪得以宣泄。

3.带着好心情去旅行，在大自然中放逐压力

生活的压抑需要我们偶尔走出去，走出城市的捆绑，走出世俗的压抑，在旅途中检验人性的真谛，在山水间寻回失去的情漪，让自己得到最大限度的放松。如果去旅行，那就什么都不带，只背上一个背包，卸下所有的压力，给自己的心来个彻底的轻松。到一个开阔的地方，到一个桃源之地，可以是郊外的旷野山坡，也可以是古朴自然的农家小院。在一个天高云淡的日子里，邀上三五好友，准备好野营的食物和装备，到郊外体验另一种生活，带来的也是另一种心情。

4.将压力化为动力，对工作和生活保持激情

激情是一个人的能力得到最大发挥的催化剂，在困难面前，激情有助于恢复斗志。任何时候，都要让自己保持一份激情，对于自己的人生，对于自己的事业都是有很大好处的。将压力转化为激情，可以让自己的心年轻向上，斗志昂扬。

充满激情的人把自己所从事的事当成一种挑战，在这个过程中不是煎熬，而是一种享受。激情是工作的灵魂，是一种能把全身的每一个细胞都调动起来的力量，是向前奋进的动力。有了对工作和生活的激情和热爱，压力感就会悄然消失。

Chapter 9 健康生活，成就由内而外的美

女人如花绽放，其美丽的姿态和蓬勃的生命得益于健康的体质。健康的身体是优雅形象的基础。女人要懂得关爱自己，呵护身体，因为只有拥有健康的身体，才能优雅到老，美丽一生。

089 健康的身体是优雅形象的支柱

健康是生命的源泉，是事业的先决条件，更是女人幸福快乐的基础。有了健康，女人才能充满活力，精神抖擞，才能充分参与丰富的劳动生活和社会生活，充分展示和塑造女性的智慧和美。

健康主要有身体健康、精神健康和心理健康三类。其中，身体健康是“1”，其他因素都是“0”，也就是说，身体健康是金钱、地位、财富、事业、家庭、子女的基础。拥有健康就拥有希望和未来；失去健康，就失去了一切。

现代生活中，无论是生产、生活还是审美，都要求现代女性结实精干，既有区别于男子的曲线美，不失女性的妩媚，又足以担起社会责任。也就是说，现代女性是以“健美匀称”为健康标准的。具体特征为：

骨骼发育正常，身体各部分均匀相称。

肤色红润，充满阳光般的健康色彩与光泽，肌肤有弹性、体态丰满而不肥胖臃肿。

眼睛大而有神，五官端正并与脸形配合协调。

双肩对称、浑圆，微显瘦削，无缩脖或垂肩之感。

脊柱背视成直线，侧视有正常的体形曲线，肩胛骨无翼状隆起和上翻的现象。

胸廓宽厚，胸肌圆隆，乳房丰满而不下垂。

腰细而有力，微呈圆柱形，腹部呈扁平状。标准的腰围应比胸围细1／3左右。

臀部鼓实微上翘，不显下坠。

下肢修长，两腿并拢时直视和侧视均无弯曲感。双臂骨肉均衡，玉手柔软，十指纤长。

整体观望无粗笨、虚胖或过分纤细弱小的感觉，重心平衡，比例协调。

身体健康的女人是美丽的、优雅的。灵性加弹性，拥有活生生健康肉体的女人，才会永远吸引男人的目光，也才会成为社会生活中最美的风景。

但是，出于种种要求，一些不健康的生活方式正在吞噬着女性的健康，特此提醒爱美女性们注意。

盲目减肥，使女人的身体质量严重失衡。许多女人千方百计想减掉自己体内多余的脂肪，因而使用喝减肥茶、吃减肥餐、运动健身等各种各样的减肥方式，结果没有使身体瘦下来，反而适得其反。拼命节食的结果是体重减轻了，身体却垮了。

在寒冷的冬季，一些爱美女性却仍然身着短裙，里面一条水晶长筒丝袜，这样的打扮确实是时髦，却给健康带来了隐患。

爱美是女人的天性，但若为了外表的光鲜亮丽，在穿戴上“虐待”自己，迷恋又细又高的高跟鞋、又小又紧的内裤和胸衣以及质量低劣的首饰等，长此以往，美丽的背后将付出健康的代价。

职场女人则普遍存在更多的健康隐患。职场女性身体“亚健康”，主要由化妆不当、超负荷工作、喝酒吸烟、营养不良、作息时间不规律等不健康的生活方式所致。此外，长时间的久坐不动也不利于身体健康，来自电脑的辐射也会使女人面色暗沉，影响美观。

所以，身体健康是头等大事。对于女人来说，不仅要承受来自工作上的压力，还要承担生儿育女、照顾家庭的责任。拥有一个好身体，处处精神百倍，活力四射，才是美丽和优雅的标志。

090 劳逸结合，保证充分的休息

人们处在剧烈的竞争中，工作和生活节奏明显加快，疲劳也就容易发生。脑力疲劳是导致亚健康的一个不可忽视的重要因素。

脑力疲劳是人体一种保护性反应，提醒人们应该休息，及时调整而得以恢复。如无视这种警告，日积月累，过劳出现，疾病便会发生。因此，尤其是在职场打拼的白领一族，更应注意避免脑力疲劳。

休息对于身体来说是一件必要的事情。休息不好，就没有精神。

然而有很多人为了工作，为了应酬，每天早出晚归；因为计划，因为时间，把自己搞得筋疲力尽。长时间的休息不足，会让身体的健康状况每况愈下甚至出现透支。

要学会主动休息，必须学会识别疲劳。有以下几个简单方法：

1.做到生活有规律，劳逸结合，张弛有度，才能精力充沛

休息是健康的重要保证。因为人的生理调节是有极限的，工作和休息需要交替重复。休息是一种对健康的保养，因此，必须学会主动休息。足够的休息是必要的。按时睡觉，安心睡觉，争取一切休息的机会，而不是把空闲时间花在网络或者是电视、商场购物上面。

2.精神状态不佳是脑力疲劳的信号

长时间工作和感到压力大，会令人倍感疲劳，出现精神倦怠周身乏力、注意力不集中、头昏目眩、耳鸣、口苦无味、饭量减少等症状，说明亚健康已经发生。这时不能靠饮咖啡、浓茶来提神，而应该多加休息。否则就会像疲劳不堪的马一样勉强支撑，不久便会因体力不支而累垮身体。

3.疲劳感会从面容上显示出来

面色是人体健康状况的晴雨表。一般而言，经过一个晚上的休息，疲劳会得到消除，面色红润，精力充沛，说明健康状况良好。如果出现面色晦暗，口唇发白发紫，眼圈发黑等情况，说明疲劳未消。这时候应尽快设法自我调节，适当增加休息时间和营养。值得注意的是，无论是体力性还是脑力性疲劳，最好的保养方法就是充分休息。

4.疲劳影响食欲

疲劳的一个重要标志就是食之无味，甚至无食欲，时常不感觉饥饿，舌苔颜色发生改变，如变深红、淡白或黄腻，这时候应该警惕，重视调节、保养。

5.不可等到累了再休息

认为累了才休息，这是不对的。因为当感到已经累了，实际上已进入疲劳期。生物钟是一个主动自我调节的过程，而被动休息对及时消除疲劳、恢复自我主动调节功能是不利的。主动休息，主动建立或遵循生物钟的自然法则，就能充分发挥和及时协调全身器官功能，增强人体神经、体液、内分泌免疫功能和抗病能力，保持旺盛充沛的精力，提高办事效率，也提高了生活质量和健康水平。

休息是适时消除疲劳的一种行之有效的方法。在所有的休息方法中充足的睡眠是最佳的方法。因为人体通过充足的睡眠，使神经、体液、心理、精神、内分泌、体内激素等得到恢复与平衡，有益于健康。

091 合理安排作息时间

科学安排作息时间是建立有规律生活的最好办法，既能保持大脑良好的活动状态，最大限度地发挥智慧和潜能，又能增进健康，预防亚健康状态发生。当然，对特殊职业或工作性质的人，则应根据自己的生物钟状态来科学合理安排作息时间。

上班族必备作息时间表：

7:00—8:00起床、吃早餐

上班族正常时间一般是8:30或者9:00，所以7点钟左右就应该起床，不要觉得早，早起的鸟儿有虫吃，清晨的空气是最健康清新的，起床听下轻音乐，吃早餐，理清一下工作思路，为一天的忙碌做铺垫。

8:00—8:30上班

散步到车站坐车上班或是骑单车、步行去公司，对身体是有帮助的。不要边赶路边吃早餐，对肠胃不好。

8:30—12:00上午工作时间

上班时间不要以为忙碌的度过就行了，这里面如果不注意技巧，那么职业病就会悄然而至，盯着电脑30分钟就要休息一下眼睛，用喝杯水的时间去窗口向远方望一下。可以的话做下眼保健操。每工作1~2个小时，活动一下四肢和颈部，可以有效预防近视、颈椎病、腰间盘突出等。

12:00—12:30吃午饭

吃饭要养成定时定量的好习惯，每天不定时吃饭，或者饥一餐饱一餐的对肠胃伤害很大。吃饭时要细嚼慢咽，让食物和唾液充分接触，更有利于消化。

12:30—13:30午睡时间

午睡一小时等于夜晚睡眠3小时，适当的午休是有必要的。

13:30—17:30或18:00下午工作时间

工作之余多运动，伸展关节，有助于提高精力，提升工作效率。

18:00—19:00下班

下班散步回家，可以缓解工作一天的疲劳。

19:00—22:00

吃晚饭后，洗个热水澡，适当健身，看电视、读书或听音乐，都是放松的好方式。

22:00—22:30睡觉

在睡眠时刻人体的各个器官开始排毒，所以要保证睡眠。人体在熟睡状态下，心肝脾肺肾才可以正常排毒。

092 营养均衡是健康饮食的关键

女人的健康是吃出来的，女人要养成科学饮食的好习惯，用营养美味的饮食为自己的生命保鲜。

科学饮食能让女人保持肌肤弹性，拥有一张健康阳光的面孔。对于女人来说，只要调理好自己的饮食，养成健康的饮食习惯，就可以让衰老的脚步放慢。

女人应该明白合理饮食的重要性。科学合理的饮食能够治疗亚健康，实实在在让你吃出健康的体魄，吃出美丽的容颜。

1.饮食不合理是导致女人亚健康的最常见原因

如有些人仍以传统饮食习惯为主，过多摄入低蛋白、高热量食物。许多人不重视早餐，甚至不吃早餐，机体经常处于饥饿状态，致使大脑供氧不足，影响肾上腺素、生长激素、甲状腺素等内分泌激素的正常分泌，严重者可产生情绪抑郁、心慌乏力、视线模糊、低血糖、昏厥等症状。长期的偏食也是导致身体亚健康的重要因素。人体在正常状态下，血液为弱碱性，但是，血液中不论酸性过多还是碱性过多，都会引起身体不适。主食的面米及副食中的肉、蛋类、白糖等食物，食入过多都会导致酸性体质，诱发亚健康。

亚健康虽然不可避免，但如果能选对方法吃对食物，就可以从亚健康状态调整到健康状态。因为许多天然食物营养全面、无副作用，多食用具有益气养血、扶正、健脑、强身抗衰老的功效，特别是对各种虚损症的调养具有实用价值。

2.营养失衡影响身体健康

维生素缺失：维生素A摄入量较低，要多吃深绿色蔬菜，其中胡萝卜素类含量较高，可以在人体内转化为维生素A。适当食用动物肝脏、蛋黄、奶制品，尤其长期从事电脑工作的人要多吃。

钙摄入量低于正常需要：奶类、豆制品是钙的良好来源，同时注意补充维生素D，每天保证至少一个小时的户外活动，经常晒太阳可促进钙的吸收。

缺铁：蛋黄、肝脏、肉末或菜汁都是很好的补铁食物。

脂肪超标：建议多吃鱼、禽类，多吃豆制品。

膳食纤维摄入不足：膳食纤维补充不足，会导致硫胺素不足。

硫胺素是水溶性纤维素，膳食纤维摄入减少，缺乏硫胺素，会容易导致便秘。谷胚、酵母是硫胺素的最好来源，要食物多样化，以谷物为主，多吃杂粮及豆类制品。

胆固醇摄入过量：控制动物性食物摄入，控制畜肉、蛋类、动物内脏的摄入，可以用豆类或豆制品代替部分动物性食品。

食盐摄入量过高：饮食宜清淡少盐。

高热量食物摄入过量：合理控制饮食，少吃热能高的食品，如肥肉、糖果、油炸食品，少喝或不喝含糖饮料。尽量不吃零食，两餐间可以选择核桃、瓜子、花生和水果。

摄入过多的糖：经常吃甜食可以加快肥胖，所以要想保持匀称的身材，平常应少吃蛋糕、冰淇淋、奶油等含糖量高的食物。

3.多样食物合理地搭配

任何一种天然食物都不可能提供人体所需的全部营养，因此不可偏食。常规膳食每天须包括谷类、薯类、动物性食物、大豆及其制品、蔬菜、水果等。同一类食物也要经常变换不同的品种，还要结合多种副食及零食进行食用。

饮食中各种食物的比例要合适，不但要注意各种营养素齐全，而且要比例科学、合理、适当。在平衡饮食的基础上还要注意合理的加工烹调、主副食的搭配、食谱多样化，以保证良好的食欲和合理的营养摄入量。

093 吃好每天三顿饭

早吃好，午吃饱，晚餐适量。草率的早中餐、丰盛的晚餐，使人患肥胖的比例占67%。早餐以低糖低脂肪高蛋白为佳。午餐同样，因为午餐食用鸡或鱼等高蛋白可使血液中充满氨基酸，包括酪氨酸，酪氨酸可通过血脑屏障，在大脑中转化为使头脑清醒的化学物质；另一个能通过血脑屏障的关键营养物质是胆碱，它存在于鱼、肉、蛋黄、大豆制品、燕麦片、米、花生和桃核中，胆碱在记忆中起主要作用。晚餐以高碳水化合物为佳。

1.早餐不仅要吃更要吃好

对于每天想要多睡片刻而又没时间进餐的人来说，可以选择一块面包搭配一杯牛奶或一个水果，或者面包搭配豆浆、鸡蛋等，都是不错的营养早餐。面包可以提供热量，水果中富含维生素C，牛奶中含有丰富的维生素A，而豆浆中的植物雌激素能调解女性内分泌系统，改善心理状态，延缓皮肤衰老。鸡蛋是一种天然的滋补佳品，每天吃1~2个可补充大量的蛋白质。

营养早餐搭配方案：

【新鲜酸奶+全麦面包+西红柿】

酸奶和西红柿的维生素A含量都非常高，适宜电脑一族或伏案工作者，可以有益于保护眼睛；维生素A能够促进肌肤细胞新生，提高皮肤深层细胞更新速度，使皮肤富有弹性，改善肌肤粗糙、老化、皱纹等现象而没有副作用，此外维生素A还有增强免疫力和抗癌的作用。

【鲜豆浆+面包夹花生酱+香蕉】

大豆、花生和香蕉都是富含B族维生素的食物。要使鱼、肉、蛋、奶等食品的蛋白质充分被人体吸收，离不开B族维生素，而缺乏B族维生素也会导致新陈代谢紊乱、发育迟缓、贫血、皮炎等症状。这一营养早餐方案能够很好地弥补B族维生素的缺失。

【红枣小米粥+火腿三明治】

粟米里的胡萝卜素和各种维生素含量都很高；红枣里含有大量维生素C，补血补气，又能有效地增强免疫力；再加一份火腿三明治，这样搭配的早餐可以让体力彻底充沛起来，足以应付一上午繁重而忙碌的工作，是高强度工作量者的首选方案。

2.午餐既要丰富又要精细

对于工作繁忙的女人来说，午餐总是一个让人困扰的问题。早餐一般占全天热能的30％，午餐占全天热能的40％，晚餐占全天热能的30％。可见，午餐在一日三餐中最重要。

午餐不仅要吃得丰富，也要吃得精细。一顿优质的午餐应该既有主食又有副食，既有蔬菜又不缺脂肪。很多人午饭都在外面随便吃一点，只求填饱肚子，或者在餐厅里吃一肚子杂七杂八的食物，长期下来会造成胃部疾病。很多白领的胃病主要原因就在于午餐的不规律和吃得马虎。如果混一顿没有营养的饭食，午后的工作精力肯定也会打折扣。

优质午餐搭配方案：

【米饭+木须肉+蚝油平菇+盐水花生】

维生素E具有抚平肌肤、减少皱纹、增加皮肤弹性、保持肌肤光泽的重要作用；维E还是抗氧化剂，可以减少自由基的存在和过氧化酯质的增多，防止脑细胞老化，促进脑细胞活力，预防记忆力衰退和身体各部分机能的老化现象。

【玉米饼或南瓜饼+黑米粥+藕炒肉片+凉拌竹笋】

可补充纤维素。纤维素是多糖化合物，有助于肠内大肠杆菌合成多种维生素；而且纤维素密度小，体积大，在胃肠中占据空间较大，使人有饱食感，有利于减肥；由于纤维素体积大，进食后可刺激胃肠道，使消化液分泌增多和胃肠道蠕动增强，还可防治糖尿病和便秘。

【大米绿豆饭+栗子鸭+酱猪肝+油菜香菇】

铁是人体必需的微量元素之一，它不仅参与血红蛋白（血色素）及很多重要酶的合成，而且对免疫、智力、衰老、能量代谢等都发挥着重要作用。这一营养午餐方案有很好的补铁作用。

3.晚餐不宜太荤不宜过晚

如果晚餐较晚且持续时间较长，食物中脂肪和碳水化合物的含量过高，而维生素和矿物质的摄入却明显不足，这样会对身体产生极大的危害。晚餐吃得过多或者大量进食荤食，容易肥胖，而且增加胃的负担，影响睡眠。所以晚餐最好多食用一些蔬菜、水果和豆制品，以及海带、紫菜等可以补充体内维生素的食物。

晚餐好食谱方案：

【馒头+小米粥+清蒸鱼+冬瓜猪骨汤+素炒甘蓝】

钙能增强骨质的硬度，降低毛细血管的通透性，增强毛细血管壁的致密性，有消炎、消肿及抗过敏作用。这一晚餐方案能够补充钙质，预防腰酸背痛、手足麻木等不良症状。

【荞麦蒸饺+绿豆粥+麻婆豆腐+鱼番苦瓜】

作为上班族，每天要承担大量的办公室业务，各种会议、撰写报告、查阅资料，劳心劳神，因此有一颗健康的心脏尤为重要。科学研究表明，镁的摄入量正常完全可以减少心脏病，降低血脂。这一晚餐方案恰好可以满足身体需要。

【米饭+牛肉炖西红柿+清蒸胡萝卜+凉拌菠菜】

锌有助于抵御疾病，在剧烈运动时，锌会随汗水大量流失，这时要及时补充。这一晚餐食谱富含锌元素，适宜体力劳动者或运动量大的人食用。

除了一日三餐的必需食物外，很多人在两餐之间或者晚间会补充一些食物，吃点夜宵等。虽然食量不如早、中、晚餐大，但也可以增强一些体力，补充一些能量，使自己精力充沛。一个健康的成年人每日所需的热量应为1500千卡，工作量大者则需要2000千卡的热量。因此对于需要应付繁忙工作的人们，可以每隔2~3小时少量进食如脱脂牛奶或全麦面包一类的食物，以保持精力和体力。

094 经常排排毒，身体畅通无阻

体内的有毒垃圾是不完全消化过程的残余碎片，它们产生于不健康的食物，精制的食品和粗糙的化学添加剂的残余。确实存在这样的事实，那些有害的“自由基”分子到处存在，影响着你的健康和美丽！当有毒废物在身体中储备起来，通过血液循环阻碍健康，导致疾病。色斑、肤色暗淡等，都是体内毒素淤积所导致的。所以，要做个清爽女人，就不能疏忽身体排毒。

毒素残留在呼吸系统，会经常感冒、咳嗽、气管敏感、哮喘；毒素残留在胃肠道，有口臭、偶发便秘、恶心、呕吐、腹泻；毒素残留在皮肤，皮肤出现斑点、过敏、暗疮粉刺、湿疹；毒素残留在骨骼，导致腰背疼痛、关节痛；毒素残留在大脑，造成失眠、焦虑、抑郁、容易疲倦、神经紧张等症状。

所以，女人要想让身体健康，保持年轻，就要清除体内的毒素。

1.清除使皮肤老化的毒素，让容颜亮丽光鲜

大腿和臀部的难看的橘皮组织影响健康，因为它们是由脂肪废物毒素构成的，出现肿胀、皱纹、皱痕及伤疤和变色情况，影响美观。

当女人进入30岁后，新陈代谢会轻微减慢。酶的排毒方法的减少，造成废物粘在一起形成这种难看的老化现象。它可能被认为是人步入中年的“标志”。

抵抗橘皮组织的食物：新鲜水果和蔬菜、谷类食物、无脂肪乳制食品和新鲜果汁。

2.清除消化系统内的毒素，浑身通畅无赘肉

健康的消化器官将食物转化成滋养并重建全身的营养物质。如果这些器官被废物堵塞，它们的效率便会降低，不能进行新陈代谢，这将导致身体的衰退和反应能力灵活性的降低。如果消化器官由于堆积凝胶似的体内垃圾而过度饱和，提前老化便开始了。保护自己远离这种危险，你需要将废物排出器官，并使器官顺利有效地工作，以帮你获得健康的消化系统，从而保持青春。

由于精制食物的不正常消化产生废物的累积，经常会造成便秘。你的肠壁已被由精制食物产生的毒素以及糖和盐的堆积物所堵塞。

排除消化系统内的毒素，最强大的工具就是纤维素。纤维素对维持正常的胃肠功能是必要的，它帮你战胜便秘和其他疾病。含高纤维素的食物可以帮助节食。一种高纤维素饮食通过稀释潜在的致癌物质，并将它们迅速排出体外来预防结肠癌。

3.清除呼吸系统内的毒素，提高免疫力

当毒素累积在呼吸系统时，将引起支气管的薄膜肿胀。黏液是肺污染的一种主要形式，如果废物累积，便使人易患气喘、严重的咳嗽，对灰尘、香料极度敏感和呼吸短促。以上问题，会导致严重的缺氧现象，以至于可能导致心血管疾病的产生。呼气困难告诉你，你的呼吸道被废物粒子堵塞，被毒素挤压。

要疏松并清除呼吸道上累积的毒素，可通过柠檬汁强大的消毒功能得以实现。柠檬汁中富含能瓦解累积废物的功能强大的酶。天然的维生素C帮你重建胶原质和细胞壁，以抵抗污染物的侵袭。在一杯沸水中，挤入一两勺新鲜的柠檬汁，加一小勺蜂蜜饮用，每天喝6到8杯，可以有效地清洁肺部。

4.清除循环系统内的毒素，增强生命活力

某些日常食物和营养物中含有自然物质，这些物质清除了妨碍循环系统的有毒废物，这些食物能轻柔并彻底地排除影响正常循环的胶状物，这将使你能通过充满活力的循环拥有健康。

快速的排毒＝动态的循环：食用这些有神奇力量的食物目的在于，直接将障碍物排出被堵塞的血管，否则这些障碍物将妨碍营养物质的运送，这些食物实际上扩张了循环系统的动脉和静脉血管，以促进体内垃圾和氧气间更好的交换，最终给你一个更清洁、更年轻的新陈代谢。这些神奇的食物清洗被毒素堵塞的管道以加快废物的运输，并最终将其清除。

095 运动是女人的活力之源

很多女性舍得花钱买衣服，买化妆品，做美容，也同样会将大量的资金投资在运动健身上。运动有健身美容的功效，事实上它的作用不仅仅这些。运动所带来的身体的活力，可以让女人的心态也变得年轻。

看看好莱坞的“不老星”们，那些至今仍活跃在银幕上四五十岁的女性，依然那么充满活力，惊艳无比。她们为了保持良好的体形而经常锻炼身体：游泳、骑摩托车、跑步……即便已经老了也魅力永存，光芒四射。

玛利亚·莎拉波娃，世界网球天后，身高1.88米，体重59公斤。莎拉波娃身材高大，爆发力强，属于底线力量型选手。她的握拍方式是右手握拍，双手反拍，有时在场上受到压迫的情况下也会把球拍换到左手来救险。正手和双反都有强大威力。她是2008年澳网女单冠军，2004年温网女单冠军，2006年美网女单冠军，被美国《体育画报》选为2006年最美丽运动员。更有人盛赞她为“年轻美丽的成功女性、全球的时代坐标”。

虽然每个女人不必拥有运动员一样的身材，但保持体态，健美、健康有活力，绝对是必须的。运动是女人的活力之源，是女人的美丽之源，能让你从二十几岁开始，一直美到耳顺之年。运动给女性带来的好处显而易见，当然，如果女人希望把青春留得时间长一些，并保持迷人的魅力，应该根据年龄制定合理的锻炼方案，因为并不是所有的运动都适合女性。

20岁正是女性焕发青春魅力的年龄，如果从20岁开始就根据自身状况有选择地参加一些运动，对身心有百利而无一害。可选择高冲击有氧运动、跑步或拳击等运动方式，能够强化全身肌肉，增进精力、耐力与手眼协调，解除外在压力。

女性在更年期以后的5到7年里，容易患骨质疏松症。可以选择攀岩、滑板运动、溜冰或者武术来健身。除了减肥，这些运动能加强肌肉弹性，特别是臀部与腿部；还有助于增强活力、耐力，能改善你的平衡感、协调感和灵敏度。

从40岁开始，女性一年将流失1/3磅的肌肉，但得到相同重量甚至更多的脂肪——如果不运动的话。结果，中年发福，让你再也穿不下年轻时的裙子。但通过运动增长肌肉，可加速新陈代谢，因为肌肉比脂肪燃烧更多的热量。选择低冲击有氧运动、远行、爬楼梯、网球等运动，能增加体力，加强下半身肌肉，特别是双腿，像爬楼梯既可以出汗健身，又很适合忙碌的城市上班族天天就近练习。

网球则是非常合适的全身运动，能增加身体各部位的灵敏度与协调度，让人保持活力充沛，同时对于关节的压力也不如跑步和高冲击有氧运动来得大。而在心理上，这些运动可以让人神清气爽，松弛紧张的压力。

五六十岁的中老年女性，适合的运动包括游泳、重量练习、划船，以及打高尔夫球。游泳能有效加强全身各部位的肌肉与弹性，特别适合疗养者、孕妇、风湿病患者与年纪较大者。重量练习能坚实肌肉、强化骨骼密度，提高其他运动能力；而打高尔夫球有稳定心脏功能的效果。

多做散步、交谊舞、瑜伽或水中有氧运动，能强化双腿，帮助预防骨质疏松与关节紧张；交谊舞能增进全身的韵律感、协调感，让女人更优雅，非常适合不常运动的人选择尝试；瑜伽能使全身更富弹性与平衡感，能预防身体受伤；水中有氧运动主要增强肌肉力量与身体的弹性，适合肥胖者、孕妇或老弱者健身。

运动除了具有强身健体的功能外，最大功用是能使人精神抖擞，感觉快乐，并且有社交的作用，是让女人保持年轻心态的一个好方法。

096 瑜伽让身体和内心双重平衡

拥有柔软如少女的身躯，美丽纤细的腰身，是每个女人的梦想。用传统而又古老神秘的瑜伽安安静静地修身养性，就可以让爱美的女人有意外的收获。

瑜伽其实并不复杂。一般的体育锻炼，往往注重的是外在的美丽，而内在的东西却很少顾及。瑜伽则不同，它在雕塑外形的同时，还给人一种来源于内心的力量。经过一段由外而内的锻炼后，你会惊奇地感受到心态已经变了个样子，不会再为了减几公斤的体重折磨自己，但会因为快乐而美丽，因为美丽而快乐。

练习瑜伽时要注意：练前要空腹2~3小时，结束后半小时内不能喝水、吃饭、洗澡，以免破坏体内的能量平衡。

这里介绍一下瑜伽的7个经典动作，让时尚的女人拥有自己的美体理念，保持一颗平静的心，让身体更加灵活、健康，当然更是保持瘦身的秘密武器。

在瑜伽开始之前，先做2分钟的准备活动。可做一些颈部、踝部、肩部运动，尽量使各个关节都能活动到位。在练习过程中，每种姿势持续30~60秒。尽量缓慢地深呼吸，体会空气进入你肺部的感觉。

1.莲花坐

坐正，双腿向前伸直，曲起右腿，将右腿放在左大腿上，脚心朝上；再曲起左腿，将左脚放在右大腿上方，脚心朝上。挺直脊背，收紧下巴，让鼻尖同肚脐保持在一条直线上。手掌向下放在双膝上。

这一姿势作用于胸口的能量中心，即横膈膜以下部位，包括胃部、膀胱、肝脏和神经系统。主要可以增加头部和胸部区域的血液供应，有助于使人的身心平和稳定，增强专注力，同时还协调新陈代谢，促进消化系统，排出毒素。

2.单腿伸展式

坐正，右腿向前伸直，左腿从膝盖向里弯曲，正好碰到右膝内侧，双臂上举伸直，身体慢慢前倾，头尽量向下低，直到你的双手碰到右脚为止。只要你能坚持，可以尽量向前伸展。保持20秒，然后换左腿完成同一动作。

这一姿势作用于身体底部的能量中心，即脊椎骨底端，很好地伸展了腿部肌肉、韧带、腰脊肌，放松髋关节，可以帮助缓解肌肉僵硬和疼痛。另外，它还作用于肾上腺、双腿、骨骼和大肠。当这一能量中心失去平衡时，新陈代谢减慢，消化系统还会出现问题，如令人困扰的腹泻和便秘等，这都是女人机体衰老的反映。

3.猫伸展式

双手、双膝和小腿着地，头朝下，臀部和膝盖成一条直线，肩膀和双手成一条直线，吸气，同时收腹，背部慢慢弓起，像猫一样。坚持6秒钟，呼气，然后慢慢地抬起头，姿势还原，放松，然后再做。

这一姿势作用于骶骨的能量中心，即腰部骨骼上，可以活化整个脊柱，放松肩部和颈部，收紧腹肌，同时还可作用于生殖器官并帮助缓解痛经，改善月经不调和子宫下垂，还可以减轻关节炎，加快血液循环。

4.抱胸式

以莲花坐姿势坐好，交叉双臂，两手各搭在左右肩膀上。

这一姿势作用于心脏的能量中心，即胸部。可促进心脏和血液循环，对哮喘、呼吸不规则及高血压有一定疗效。

5.秦手印

以莲花坐姿势坐好，双手的拇指和食指相抵，其余三个手指伸直放松，把双手放在膝上，掌心朝上。

这一姿势作用于前额的能量中心，即大脑下端、神经系统、鼻、眼，有助于治疗头痛与神经问题。

6.倒立

如果这对你来说太难的话，双脚可以不必抬起。但要注意月经期间不要采用这一姿势。

这一姿势作用于头顶的能量中心，包括大脑上端、脑下垂体，有助于治疗失眠症、减缓压力及平复过度兴奋的神经。

7.放松式

后背挺直，双臂轻松地置于身体两侧，呼气，向前伸展全身，前额向下，直至碰到膝盖前的地面为止。保持这一姿势6~10秒钟。

这一姿势是结束练习的最佳方式。它可以很好地伸展脊椎骨、背部底端、脖颈和手臂部位，是镇静和放松的绝好方法。

097 血气充盈，容光焕发春常在

脸色红润、洋溢着健康光泽的女人是优雅的，这样的女人血气充足。反之，面色萎黄或苍白，疲倦无力，一定是血气不足的表现。贫血影响着女人的优雅形象，所以，做健康漂亮的美人，先从补血开始。

贫血是困扰许多女人的一种疾病。由于贫血时血红蛋白减少，血液运输氧的能力降低，会使全身组织和器官都有不同程度的缺氧，于是会在全身引起各式各样的症状。

最常见的症状是“苍白”，往往是被家人发现脸色不好，皮肤苍白。最容易检查出苍白的部位是口唇和眼结膜。

早期的自觉症状还有疲乏、无力、头晕、耳鸣、记忆力减退、注意力不集中等。贫血时由于机体需要设法提高氧的供应，于是就代偿性地加快呼吸和心跳而引起气短和心悸，特别是活动后氧消耗增多，症状也加重。

如果贫血很严重，即使休息时也会感到气短心悸。慢性严重贫血甚至会引起心脏扩大、心力衰竭。此外，还可能引起食欲不振、恶心、腹胀、月经失调、闭经和性欲减退等症状。需要注意的是这些症状涉及的组织器官很多，不仅贫血会引起这些症状，其他疾病对其也有所影响。

另一方面贫血症状的轻重和贫血发生的速度特别有关。缓慢逐渐发生的贫血，虽然缓慢，但可能症状轻微，甚至不出现症状，所以，不能单凭有无症状来判断有无贫血，还需要测定血红蛋白浓度来确定。

除上述常见的贫血症状外，由于贫血大多是继发于其他疾病，所以，患者还会表现出原发疾病的症状，比如，消化道出血引起的贫血，患者会出现便血或黑便。肾脏病引起的贫血患者可能有浮肿、尿血、高血压等症状。

我国是世界上缺铁性贫血发生率较高的国家之一，发生率达到15%～20%，其中妇女儿童贫血率高达20%以上，贫血严重威胁妇女健康。那么，女性应该怎样调理呢？

女性一生中多有耗血或失血。平时若不善于养血，则易引起贫血，出现心慌、头晕、面色苍白、失眠等血虚病。对此，除请医生治疗外，还可采用以下方法进行自我调理：

1.生活的调理

保持心情舒畅，避免剧烈活动、劳累。平时劳动或活动应缓慢进行，以免产生急性脑缺血而晕倒。

2.心理调适

有一类女性，在生活中往往难以掌控情绪，心态失衡，这样心中的矛盾和痛苦长期得不到宣泄，导致肝气不舒、气滞血淤，经量过多。

这种血虚症需要用逍遥散舒肝顺气，活血化淤，并学会心理疏导，适当宣泄。补药可用西洋参含片。

3.饮食的调摄

女人比较容易出现贫血症状，大部分贫血的人是因为摄入铁质不足而导致贫血的。所以，在日常生活中可以从饮食中来调理。针对女人贫血，食补是最有效也最合适的方法。

绿色蔬菜和含铁量高的食物，如蛋黄、牛肉、肝、肾、海带、母鸡、鱼虾、红枣、猕猴桃、葡萄、桂圆、核桃、芝麻、胡萝卜、红薯、菠菜、洋葱及豆制品等较适合贫血女人食用。

因为在补铁的同时辅以维生素C的摄入，这样有利对食物中铁的吸收。

富含维生素C的食物，包括新鲜的水果和绿色蔬菜，如酸枣、杏、橘子、山楂、西红柿、苦瓜、青柿椒、生菜、青笋等。维生素C有参与造血、促进铁吸收利用的功能。

富含铁的食物，有鸡肝、猪肝、牛羊肾脏、瘦肉、蛋黄、海带、黑芝麻、芝麻酱、黑木耳、黄豆、蘑菇、红糖、油菜、芹菜等。铁是构成血液的主要成分，缺铁性贫血的女人可以多吃以上食物以补铁。

女人也可以常吃富含铜的食物，铜有助于参与造血，铜缺乏也能引起铁的吸收障碍和血红蛋白合成减少。

富含优质蛋白质的食物，如蛋类、乳类、鱼类、瘦肉类、虾及豆类等不仅可以为女人补充足够的钙质，还可以美容养颜。另外，注意要适量适时饮茶，因为茶叶中含有的鞣酸能阻碍食物中铁质的吸收。

098 女人肾不亏，生命更鲜润

肾为先天之本，肾脏的健康说明人体生长发育的活力，肾气为人体的生命活动提供原动力。肾虚则是人体元气不足，身体机能减退，女人易表现在面部。面容苍白的女人多半为肾阳虚，还会伴有腰膝酸冷、四肢发凉、精神疲惫、浑身乏力、不孕、性欲减退等症状。

肾阴虚的表现有面色发红、腰膝酸软而痛、眩晕耳鸣、齿松发脱、经少或闭经、失眠健忘、口咽干燥、烦躁、动则出汗、形体消瘦等症状。

职业女性压力大，饮食、生活不规律、办公室的空调环境等因素导致自身免疫力降低，肾虚的比例较高。长期劳累伤及肾阴，肾虚时则月经量少。

肾虚要分清是阳虚还是阴虚，才能对症调养。

1.改善睡眠习惯，有助养液生津，抵抗肾虚

不需要补肾的人去吃补肾药，会给身上的脏器增加排毒的负担。

睡眠充足可改善疲惫状态，避免体内津液的消耗。注意睡眠不要超过8小时，睡多了也会疲惫。改掉睡前饮水的习惯，因为肾虚时水液代谢不畅，容易水肿。晚上喝点蜂蜜和酸奶，会让你第二天脸色更好。

2.运动可以益肾强身

早晨起来跑步，可增加全身血液循环。

缩肛运动：可以在任何时间、任何地方进行，全身放松，自然地呼吸：呼气时做缩肛动作，吸气时放松，连续做30次，可以增强肾功能。

练太极拳既可舒缓人的情绪，又可活动全身筋骨，高雅又时尚。

3.按摩护肾

脚心的涌泉穴是浊气下降的地方，晚上泡脚时可以经常按摩。经常活动腰部，可使腰部的气血顺畅，补充肾气。

4.补肾美食

补肾多吃山药。山药是女人之宝，具有益肾填精的功效。栗子有补肾壮腰之功。

补肾别吃生冷油腻和辛辣的食物，如生黄瓜、生萝卜、西瓜、甜瓜、柿子、油炸食品、洋葱、辣椒、茴香、胡椒、薄荷等。长期多食辛辣食品的女性，可使肾气亏损。

099 保养精气神，永远年轻态

一个人“精气神很好”，就表明身体健康、神采奕奕。女人要想保持健康，就要养好精气神。

那些看上去充满活力、精力充沛、神采飞扬的女人，一般都很讲究修身养性。无论是饮食起居，还是日常活动，都有自己规律的生活习惯，在心态上也往往平和豁达，不斤斤计较。这些女人都注重对精气神的保养。

古人曾经提出“精、气、神不可损也，损之则伤生”，意思是人的精、气、神是不能损伤的，否则就会对生命有损。也就是说，气血协调，经脉通畅，五脏健康，人才能益寿延年。可见，人生命的本质就是由精、气、神构成的。如果一个人精亏、气虚、神损，就容易发生疾病，而女人缺少精气神，就会显得衰老，没有活力。因此养好精气神，身体健康才有保障。

女人健康的标准就是气血充足。而气血是否充足，通过面部表现和身体器官的特征可以显示出来。

1.从五官看气血

气血足则明眸善睐，气血衰则眼神无光。看眼睛实际上是看眼白的颜色，俗话说“人老珠黄”，其实指的就是眼白的颜色变得混浊、发黄，有血丝，这就表明你气血不足了。眼睛随时都能睁得大大的，说明气血充足；反之，眼袋很大、眼睛干涩、眼皮沉重，都代表气血不足。气血足则肤色健康红润有光泽，气血衰则皮肤老化肤色差。

皮肤白里透着粉红，有光泽、有弹性、无皱纹、无斑代表气血充足。反之，皮肤粗糙，没光泽，发暗、发黄、发白、发青、发红、长斑都代表身体状况不佳、气血不足。

气血足则发质浓密黑亮，气血衰则头发干枯易脱发。

气血足耳朵饱满红润，气血衰则耳朵萎缩皱纹多。从耳朵上看气血主要通过色泽、有无斑点、有无疼痛等方面来看。如果耳朵呈淡淡的粉红色、有光泽、无斑点、无皱纹、饱满则代表气血充足。而暗淡、无光泽代表气血已经下降。如果耳朵萎缩、枯燥、有斑点、皱纹多，代表人的肾脏功能开始衰竭。

气血足牙齿健康少疼痛，气血衰牙齿稀疏爱生病。牙龈萎缩代表气血不足，牙齿的缝隙变大，食物越来越容易塞在牙缝，表示气血不足，衰老正在加快。

2.从身体器官看气血

女人的气血是否充足，往往通过手的健康状况就能够感知。摸手的温度，如果手一年四季都是温暖的，代表人气血充足，如果手心偏热或者出汗或者手冰冷，都是气血不足。看手指的指腹。如果手指指腹扁平、薄弱或指尖细，都代表气血不足，而手指指腹饱满，肉多有弹性，则说明气血充足。

如果在食指上看到青筋，说明消化功能不好，这类人体质弱，气血两亏。如果在小指上看到青筋，说明肾气不足。如果掌心下方接近腕横纹的地方纹路多，表示体质弱，气血不足。这类女性易患妇科疾病。

指甲上的半月形也反映着气血的健康状况。正常情况下，半月形应该是除了小指都有。大拇指上，半月形应占指甲面积的1/4或1/5，食指、中指、无名指应不超过1/5。

如果手指甲上没有半月形或只有大拇指上有半月形，说明人体内寒气重、循环功能差、气血不足，以致血液到不了手指的末梢。如果半月形过多、过大，则易患甲亢、高血压等病。

手指甲上出现纵纹，说明身体气血两亏，是机体衰老的象征。

3.从精神状态看气血

如果女人感觉神清气爽、精力充沛，则说明气血足，而整日萎靡不振、昏昏欲睡，或者目光呆滞，常觉得疲惫不堪，则说明气血不旺。

如果像孩子一样入睡快，睡眠沉，呼吸均匀，一觉睡到自然醒，表示气血很足；而入睡困难，易惊易醒，夜尿多，呼吸沉重或打呼噜，都是血亏的表现。运动时如果出现胸闷、气短、疲劳难以恢复的状况，表示气血不足；运动后精力充沛、浑身轻松，说明气血充盈，身体健康。

4.女人保养精气神的生活细节

为了更好地养精，要在饮食和节欲两个方面多加注意。人体之精除了来自于父母之外，还要依靠饮食的营养。只有借助于饮食才能够滋养气血。所以饮食能够充盈谷气，旺盛气血，从而使身体强健。

人的精、气、神来源于饮食。“精能生气，气能生神”，所以保持规律的饮食习惯对于女人来说是至关重要的。纵欲会使精气衰竭，真气耗散，使身体早衰。女人应该减少对物质的追求，不要放纵自己的欲望。

养气就是使元气充盈。寡言少语能够养气。女人天生比较爱唠叨，总是喋喋不休地说话，其实这对于身体是不利的，容易造成元气的损伤。

养神就要调节情志，不要过度思虑。恐惧、慌乱、思虑等情绪会伤神。所以女人要保持心境平和，乐观开朗。

对于女人来说，养好精气神就会显得神采飞扬，充满活力，优雅永恒。

100 保证睡眠规律，做个优雅睡美人

女人一熬夜便会肤色暗沉，面部皱纹增多。这是由于睡眠不足，皮肤细胞的种种调节活动受到阻碍所致，当血液循环不良，水分和脂肪分泌过少，皮肤易干燥，从而产生皱纹。爱美的女性，如果您想拥有美丽健康的皮肤，就请不要经常熬夜，要尽情享受你们的“美容觉”。

拜伦说过："早睡早起最能使美丽的脸鲜艳，并降低胭脂的价钱——至少几个冬天。""睡美人"总是给人一种静谧甜美的感觉。睡美人，顾名思义，美人是睡出来的。充足的睡眠是美丽的前提。

"我去睡我的美容觉了。"这是现在挺流行的一句话。这可不是无故流行的，充足的睡眠的确是最省钱最有效的保养方法。由于工作压力大，现代女性似乎都缺少睡眠，其实睡眠对一个人的机体和美容至关重要，可以说任何化妆品和饮食都比不上睡眠对肌肤的保健作用大。

人的睡眠要经过几个阶段：深度睡眠，做梦和浅度睡眠。在深度睡眠过程中我们彻底放松并很难被唤醒，第一个深度睡眠阶段是在睡着后不久就达到的，因此刚入睡时的睡眠是休养作用最好的，睡得越晚，深度睡眠时间越短。一个成年人的深度睡眠只占其整个睡眠时间的15%~20%，平均90分钟。所以女性更应珍惜这段时间，让它给你的机体充足的时间去好好休养，借睡眠来保持美丽的容颜。

1.美容觉前准备

知道了"美容觉"的重要性，那么你知道在临睡前该做些什么准备吗?

准备1：在临睡前，洗个热水澡，并进行面部肌肤深层清洁。

准备2：听点柔和的音乐有助于睡眠，如果易失眠的人，建议不妨在睡前喝杯牛奶。

准备3：如果有条件的话，为自己点上一个香薰灯吧，淡淡的香，让你步入美梦，第二天起来的时候脸滑滑的，嫩嫩的。

除了以上三个准备，要再补充一点：在临睡前的一个小时要平静度过，千万不要做剧烈运动，也别想令你兴奋的事情，更不能想令你心绪不安的事情。

对精神方面，夜晚也要进行垃圾清除的工作。睡眠的姿势要正确，质量才高。做梦是一种好现象，白天的刺激、印象和经历，通过梦的加工，有摆脱紧张、重新达到内心平衡的作用。

2.最佳美容觉时刻表

遵循美容觉排毒时刻表能让你越睡越美丽。

医学研究表明，人表皮细胞的新陈代谢最活跃的时间是从午夜至次日清晨2时，彻夜不眠将影响细胞再生的速度，导致肌肤老化，因此女士们如想保持脸部皮肤的美丽，务必养成在午夜12时前入睡的习惯，这样才能有效去除毒素，保养肌肤。

以下是身体排毒时刻表，女人可以作为参考：

21：00—23：00——免疫系统排毒

23：00—1：00——肝部排毒（需熟睡）

1：00—3：00——大肠排毒

7：00—9：00——小肠大量吸收营养

3.排除妨碍美容觉的因素

要想提高睡眠的质量，就要排除以下不利于睡眠的因素：

因素1：手机。长期接触电磁波，影响神经系统与生理功能（褪黑激素分泌降低），影响睡眠。所以，睡前要远离手机。

因素2：手表。不仅是手表，睡眠时能够给人带来束缚感的衣物都要脱掉。

电子表有微量电磁波，石英表或夜光表含有镭辐射，长期累积可能会影响神经系统，导致不易入睡。

因素3：胸罩。影响胸部健康，研究指出，每天穿胸罩超过12小时者比短时间穿或不穿内衣者，罹患乳腺癌的概率高出20倍以上。原因是因胸部组织受到压迫，导致淋巴液流动受阻碍，使毒素停留在胸部所致。

因素4：彩妆。阻塞毛孔，影响油脂分泌，容易滋生粉刺，影响细胞代谢，加速脸部肌肤老化。所以，女人睡前要充分卸妆。

时常能睡个美容觉，不用昂贵的化妆品，肌肤也能漂亮非凡。掌握优质睡眠技巧，就能轻而易举让红润的肤色睡出来。